Québec, mon amour

Patrice Charrais

Québec, mon amour

Publibook

Retrouvez notre catalogue sur le site des Éditions Publibook :

http://www.publibook.com

Éditions Publibook
14, rue des Volontaires
75015 PARIS – France
Tél. : +33 (0)1 53 69 65 55

IDDN.FR.010.0108175.000.R.P.2007.035.40000

Cet ouvrage a fait l'objet d'une première publication aux Éditions Publibook en 2007

Accroche à ton cœur un capteur de rêves.
Si ton cœur chante.
Dans tes yeux, des étoiles scintillent.
Alors, se dessine la constellation
de ta légende personnelle.
Va là où tes rêves te portent.
Va là où les étoiles te guident.

Patrice Charrais

Pour une dédicace personnelle de votre livre,
ou tout simplement pour faire partager, à l'auteur,
vos impressions de voyage au Québec,
sur les traces des français au Canada, et aux Etats-Unis,
et vos bonnes adresses.
pcharrais@hotmail.com

Remerciements

A La Rencontre, à Mes Rencontres françaises qui m'ont aidé à marcher sur le bon chemin par leur présence, leur exemplarité ou leur attention à mon égard avec discrétion. A celles-ci qui ont été source de mon énergie, qui m'ont transmis leur savoir, m'ont fourni force et sagesse, qui ont été mon indispensable horizon. A celles-là qui m'ont aidé à conserver en toute circonstance la positive attitude, qui sont restés proche les jours de soleil comme les jours de pluie, et qui toutes et tous ont changé ma vie. A chacune et chacun, qui sauront se reconnaître, vivants ou décédés, je leur dédie une plume dite « réflexion », pour leur démontrer mon respect pour l'aide qu'ils m'ont apporté pour construire mon « Totem de Vie », pour la lumière qu'ils m'ont fourni sur mon sentier de vie. Je me souviens. Je n'oublie pas. Vous êtes entrées dans « mon Panthéon personnel. »

Je tiens à exprimer ma reconnaissance à Ma Rencontre, à Mes Rencontres québécoises qui ont été une fête, à celles et ceux qui sauront se reconnaître, qui m'ont guidé avant, pendant et après mes chemins québécois. Que toutes et tous trouvent ici l'assurance de ma gratitude. Auprès d'elles et d'eux, j'ai goûté un peu de la vie québécoise, acadienne, et canadienne. L'amour du sol québécois est entré dans mon cœur. A l'issue de ce séjour de l'innocence et du bonheur passé au Québec, j'ai deux amours : mon pays et le Québec. Je me souviens. Je n'oublie pas. Depuis que je vous ai quitté, y a comme un trou dans ma vie…

Puisque tu sais le temps qu'il m'a fallu pour venir jusqu'à ta porte

Je n'ai plus d'Amour. Je n'ai plus de Patrie. Je ne possède plus rien, juste une valise. Je me suis fais gitan. Je ramasse mon bagage et je m'en vais. Je n'ai plus de pays. Je n'ai plus de maison. Je n'ai plus de nom. Le gitan a raison. Y a plein d'horizons. Mon ciel c'est le sien. Je m'en vais voir ailleurs. J'ai la tentation du Québec. Je suis dans l'avion qui me mène à Montréal. L'étoile me guide. Les ailes me portent. Je vais revivre des émotions de mon enfance. Je m'en vais me libérer des étouffements et des brûlures que la vie m'a distribuées avec générosité. Je m'en vais rechercher un endroit plus sociétal. Je mets un océan entre mon passé et mon avenir. J'ai choisi une nouvelle terre. Celle que l'on baptisait autrefois, à tort : « les faubourgs de l'enfer. » Qu'est ce qui me fait courir si loin ? Suis-je tombé amoureux de ce « pays », orné des couleurs d'espérance : du bleu de ses ciels nordiques, du jaune de ses printemps tardifs, du rouge des érables flamboyants de ses étés indiens ?

« Le rêve seul laisse à l'homme tous ses droits à la liberté », comme l'a si bien dit Paul Eluard. Alors, que la jeunesse est un état d'esprit. De l'enfance à centenaire, le rêve est un antidépresseur. Accroche à ton cœur un capteur de rêves. Nos rêves sont des étoiles qui dessinent la constellation de notre légende personnelle. Il faut toujours faire des rêves beaucoup trop grands pour ne pas les perdre de vue. Rêver sa vie n'est qu'une étape. Vivre ses rêves est la ligne d'arrivée. Va là où tes rêves te portent. « Heureux celles et ceux qui osent rêver et acceptent de payer le prix pour que leurs rêves se réalisent », comme l'a si bien dit le Cardinal Suenens. Ne pas quitter, n'est pas une question de survie. Les volontés fortes se traduisent par des actes. Partir c'est exister. Chaque seconde, peut-être une renaissance. Chaque seconde, peut-être un nouveau départ. Si tu le veux, c'est à toi de choisir. La liberté est toujours une dignité à conquérir. En homme libre, s'il faut parfois savoir dire non, il faut aussi savoir quitter, partir, fermer des portes, pour en ouvrir d'autres. J'avais rêvé ma vie, je vis l'un de mes vieux rêves. Je m'en vais assouvir un vieux rêve, un rêve vieux de trente ans. Le capteur de rêves a bien fonctionné. Je réalise un vieux rêve d'antan. Je pars vers d'autres horizons. Je pars pour être libre. Je quitte tout pour exister. Partir pour exister. Quitter pour exister. J'accepte de payer le prix pour qu'un de mes rêves se réalise. Je traverse un continent et un océan. J'avais rêvé du Canada. Je suis en fugue dans l'Est canadien. J'avais rêvé du Canada. Je viens mouiller l'ancre au Québec !

Je me faisais à l'idée que le Québec me révélerait quelques surprises. Je pensais alors à des paysages panoramiques. Eh bien ! Ce fut aussi des rencontres. Je vais de rencontres en rencontres en toutes circonstances, pour ne citer que les tournées de bar, les fêtes, les transports en commun. « Jaser » en bonne compagnie me donne une impression réelle, décontractée, issue d'un « vrai rapport humain » entre homme et femme, direct et dénoué de tout sentiment malsain au départ de toute relation humaine. Ce rapport met à bas le sentiment français dans les rapports « homme – femme », selon lequel « les garçons parlent avec les filles pour coucher avec, et que les filles couchent avec les garçons pour parler avec. » La confiance réciproque, l'amour, l'ouverture d'esprit me permettent d'abattre les barrières culturelles et linguistiques pour ne retenir que l'essence des êtres. Quand je me promène dans les rues de Montréal, de Québec, j'ai l'impression d'être sans passé. Je reviens à des choses simples. Je m'allonge sur l'herbe des parcs, au bord des lacs, j'écris, je lis, je réfléchis. Parfois des « flashs » de la vie parisienne défilent devant mes yeux. Je regarde les gens s'agiter. Qu'est-ce qu'ils ont tous à courir comme çà pour rien ! La lenteur est la clé du bonheur. Le bonheur est un papillon. Si nous le chassons, il nous échappe. Mais si nous nous asseyons tranquillement, il vient voleter au-dessus de notre tête. Elle n'est pas belle la vie ? Comme elle est belle. Dans la vie comme en amour, il ne faut jamais désespérer. Demain est un autre jour, toujours plus belle la vie. Vivre et aimer sont les deux plus beaux mots de la langue française. Il faut les conjuguer à tous les temps. Quand on prend le temps de la regarder, la vie est toujours passionnante. J'ai été spectateur de ma vie par moments. Ici, je suis acteur de ma vie. Chaque rencontre est une fête. Québécoises et Québécois, complices de mon voyage, je goûte prés de vous un peu de la belle vie. Ce voyage enrichi le vestiaire de « mon Histoire. »

C'est comme si je répondais à l'appel de l'orignal qui est un solitaire, mais qui le temps d'un été s'en va rejoindre ses congénères. Comme si la feuille d'érable était un présent qui se méritait. « Symbole de charme », unique et exquise avec son parfum d'orient, la feuille d'érable est destinée aux personnes tenaces et aventureuses. Soudain, je prends conscience que ce voyage m'était finalement destiné ! Comme s'il venait récompenser la patience d'une vie. La patience est amère, mais ses fruits sont doux. Et tant pis si l'on doit garder silence sur le cadeau des Dieux, je m'en vais faire partager « mon rêve québécois. »

O'mon doux Québec au cœur d'érable ! O'mon sirop d'amour ! O'Québec, mon amour… ne parle pas, tutoie-moi, embrasse-moi, étouffe-moi d'un autre langage qui me fera vivre.

« Le rêve québécois »

J'écoute les histoires et les légendes qui me sont contées. J'imagine mieux ainsi comment s'est produit chacun des événements, et m'arrête à penser comment chacun, des autochtones aux explorateurs du passé, a façonné le « pays. » Parmi ces nouveaux explorateurs, les uns étaient à la recherche d'une voie maritime vers l'Inde, les autres en quête de se faire une vie meilleure dans un nouveau pays, « le rêve d'un Nouveau-monde. »

Les Québécois ont tous la gaieté et la vivacité des habitants de la France. « Tabernacle ! » Ils dansent, chantent et paraissent s'embarrasser fort peu du lendemain. A leur rencontre, je dois mieux les connaître et les respecter, selon leurs coutumes et leurs traditions. Ceux-ci veulent savoir si je suis venu ici pour mettre fin à leurs danses et à leurs festins. Ils ne veulent pas que les gens viennent s'immiscer dans leurs affaires et leurs coutumes. Qu'est-ce qui vous amène ici ? Si vous nous défendez de danser allez-vous-en ! Sinon vous êtes les bienvenus parmi nous. Nous dansons parce que nous voulons préserver notre héritage pour nos enfants, s'ils en veulent ; et s'ils n'en veulent pas, nous continuerons quand même à danser pour montrer à nos ancêtres que leur tradition ne s'est pas perdue. « Ne faites rien qui puisses faire honte à votre famille ou à votre peuple », c'est ce que disaient les autochtones il y a un siècle et, c'est ce qu'ils disent aujourd'hui. A leur rencontre, c'est une transformation. Nous sous-estimons souvent le pouvoir d'une rencontre, d'un visage avenant, d'un mot gentil, d'un encouragement, d'une moindre attention, d'une positive attitude, d'un sourire, d'un modeste présent... pour le plaisir... rien que pour le plaisir. Ils ont tous le pouvoir de changer une vie. Chaque rencontre est une transformation, toutes les rencontres appellent à une transformation, toutes les réunions amènent à des transformations. On ne naît pas ce que nous sommes. On le devient. Nous sommes tout ce qui est, nos rêves, nos pensées, nos rencontres, notre vie. Nous sommes tout ce que nous choisissons d'être. Nous sommes tout ce que nous choisissons de courir comme risques, et aventures, au bout desquels nous sortirons vainqueur ou vaincu. Nos rencontres font ce que nous devenons. A La Rencontre de l'autre, nous construisons notre légende personnelle. Le contact de l'étranger nous aide bien souvent à mieux nous comprendre nous-mêmes. D'ailleurs, l'autre, l'étranger crée l'ailleurs en nous, y introduit le doute, l'émerveillement, l'inouï ou l'inédit, il nous porte au-devant de nous-mêmes en nous faisant plus intensément exister. Rencontrer l'autre, c'est comme notre indispensable horizon. Partir vers l'étranger, dialoguer avec l'autre est une question de survie de l'alliance des civilisations. Partir à la rencontre de l'autre c'est comme mon indispensable horizon. L'autre, l'étranger est la source de mon énergie. Partir pour exister. Rencontrer pour exister. Quitter, c'est exister. Rencontrer l'autre, c'est exister, toujours plus vite, toujours plus haut, toujours plus fort.

21 juin, journée nationale des autochtones, je suis venu danser et chanter avec eux, sans faire honte à ma famille et à mon peuple. La journée nationale des autochtones est le moment idéal de se rassembler, fêter et célébrer la saison ainsi que de participer pleinement à la vie. C'est la plus longue journée de l'année, alors, j'en profite. La journée nationale des autochtones est une célébration de leur passé, de leur présent ainsi que de leur avenir. Elle leur rappelle de respecter l'expérience et les enseignements de

leurs sages. Parce qu'ils n'ont pas peur de voir les fils dépasser les pères, ils encouragent leurs jeunes. Et surtout, ils les encouragent à ne jamais oublier qui ils sont et où sont leurs racines. La Journée nationale des autochtones se résume en deux mots : « sensibilisation culturelle. »

O'Québec, où l'anglais et le français se côtoient, un « pays » qui perfectionne l'art de vivre ensemble dans un esprit de paix et de tolérance. 24 juin, la saint Jean-Baptiste unit les Québécois. Les célébrations du 24 juin sont historiquement associées aux célébrations antiques du solstice d'été en même temps qu'aux fêtes agraires qui marquaient autrefois le début de l'été. C'est ainsi que le 24 juin 1834, lors d'un banquet champêtre pour discuter de l'avenir du peuple québécois, fut l'origine de la « saint Jean-Baptiste » comme fête nationale. Il faut cependant attendre 1925 pour que le 24 juin soit déclaré congé férié. Tantôt regroupés autour de l'église, tantôt autour de sociétés patriotiques, les Canadiens-Français ont progressivement vu dans la saint Jean, l'expression privilégiée de leur identité nationale. Délaissant progressivement l'expression « Canadien-Français » au profit de « Québécois » dans les années soixante, le peuple du Québec devra attendre jusqu'en 1977 pour qu'officiellement la saint Jean devienne la fête nationale et légale du Québec.

L'apparition de la fleur de lys comme symbole remonte à l'Égypte ancienne : croix ansée, symbole du pouvoir souverain. C'est en l'an 507 qu'apparaît la fleur de lys sur le drapeau de Clovis, Roi des Francs. La fleur de lys devait à jamais symboliser la royauté française. La fleur de lys fait son apparition en Nouvelle-France lorsque Jacques Cartier, débarquant à Gaspé en 1534, plante une croix portant les armoiries de la France où sont représenté trois lys d'or. Le premier pavillon royal à flotter en Nouvelle-France fut le drapeau blanc, aussi appelé « drapeau colonel. » Le pavillon blanc fut souvent décrit tel que : « peint aux armes de la France. » Les armes de la France sont en fait l'écu de France. De couleur azurée, l'écu porte en son centre, trois fleurs de lys de couleur or. Le nombre trois, ici, fait référence au mystère de la trinité. Outre les pavillons royaux et militaires, plusieurs pavillons de la marine marchande flottèrent en Nouvelle-France, comme celui de Samuel de Champlain : croix blanche sur fond azuré. Cependant, l'ancêtre direct du drapeau actuel du Québec est la bannière dite « de la bataille de Caillon. » De couleur bleu ciel, elle portait au centre l'écu de France et les coins étaient ornés de quatre fleurs de lys d'argent. Une fois passé le choc de la conquête en 1759, le peuple du Québec commence à manifester régulièrement son intention d'adopter un drapeau national. C'est en 1902 que l'Assemblée législative nomme le drapeau le « fleurdelisé. » On retire l'écu de France. On redresse les fleurs de lys. Et le 21 janvier 1948, le drapeau du Québec flotte pour la première fois sur l'Hôtel du Parlement. Ainsi le fleurdelisé devient emblème distinctif du Québec, des Québécoises et des Québécois.

Quant à la fête de la saint Jean-Baptiste, elle provient d'une longue tradition qui remonte aux temps des colonies et qui explique comment saint Jean-Baptiste est devenu le patron des Canadiennes et Canadiens-Français. Les origines de la saint Jean-Baptiste étaient religieuses avant d'être la fête qu'elle est aujourd'hui. C'est le 24 juin 1615, qu'on célébra la première messe en Nouvelle-France, depuis les expéditions de Jacques Cartier. Les autorités religieuses trouvaient remarquable que cette journée soit en même temps que le solstice d'été et la date de naissance de saint Jean-Baptiste, symbolisant ainsi le baptême de la Nouvelle-France. Deux siècles plus tard, le 24 juin 1834, Ludger Duvernay, un éditeur de journaux, et une soixantaine de personnes décidèrent pendant un banquet de reprendre l'événement et d'en faire une fête qui unirait toutes les Canadiennes et tous les Canadiens-Français.

Les festivités commençaient habituellement par une messe pour honorer saint Jean-Baptiste. Ensuite venait le défilé dans les rues du village qui comprenait les majorettes, la fanfare, des enfants et des hommes portant des costumes d'époque et des chars allégoriques. Le dernier char représentait saint Jean-Baptiste. On y retrouvait habituellement un ou plusieurs agneaux ainsi qu'un enfant blond à cheveux bouclés vêtu d'une peau de mouton et tenant à la main une canne pour personnifier le berger et son troupeau. Ensuite, il y avait un grand festin, des spectacles divers, des danses folkloriques, pour se terminer avec un feu d'artifice. En l'année 2000 fut célébré l'anniversaire de l'arrivée, au début des années 1600, des hommes et des femmes qui ont érigé le premier établissement français en Amérique du Nord, sur un territoire qui allait devenir l'Acadie. Aujourd'hui, plus de 400 ans après leur débarquement, tous peuvent admirer avec fierté et émotion la grande famille francophone qu'ils ont contribué à fonder au Canada.

Dans ce rassemblement du 24 juin, point de gauche, ni de droite, il est fait abstraction de tout ce qui divise. En ce jour, dans les fêtes de quartier, je sens battre le cœur « multiethnique-multiculturel. » Les fêtards s'amusent pendant qu'organisateurs, bénévoles et cadets travaillent. Mais ils ne sont plus qu'un tout dans la fête. Le 24 juin, avec ses élans patriotiques, permet aux Québécois d'exprimer leur identité dans ce qu'elle a de plus profond et de dire qu'ils sont avant tout Québécois. Par contre, le sentiment d'appartenance, de fierté, de sécurité, d'adhésion à certains principes ne passe ni par la passion, ni par le désir de célébration. C'est une identité double, à géométrie variable, dont le fragile équilibre ne peut pas toujours être assuré par de futiles guerres de drapeaux. Au-delà des relations particulières « France-Québec », j'observe une lente mutation dans l'imaginaire politique québécois : Sur la voie de l'ethnicisme « conciliant. » Deux configurations de la référence nationale Québécoise semblent se disputer l'imaginaire des Québécoises et Québécois. Ils vibrent d'une fibre Canadienne-Française, lorsqu'ils pensent aux luttes de leurs ancêtres, aux grands-parents, aux humiliations de ce petit peuple isolé, à l'obscure et entêtée volonté de survivance des Canadiens-Français. Ils se prennent alors à regretter les occasions manquées, à se soucier de l'avenir de ce petit peuple francophone, à se sentir en devoir de mémoire et de fidélité. Mais il leur arrive aussi de vibrer d'une fibre plus Québécoise, plus moderne, plus urbaine, plus francophone-métissée, plus tournée vers l'avenir qu'occupés à des luttes de leurs ancêtres. La survivance et la touche Canadienne-Française ont alors moins d'importance. C'est la construction d'un Québec et d'une référence commune où les jeunes citoyens d'origine immigrante puissent se reconnaître. C'est l'avenir commun dans une société francophone qui prime. Les Québécoises et Québécois « nouvelle génération » cherchent le chemin qui leur permettre de passer de l'ethnicisme « conquérant » à l'ethnicisme « conciliant. » Mais le Québec a bien d'autres choses à fêter que son débat politique. La saint Jean est d'abord et avant tout la célébration de la culture québécoise dans toutes ses expressions. Ce n'est plus, depuis longtemps, la fête d'un nationalisme défensif où les Canadiens-Français se tournaient vers leur Saint Patron. On est bien loin de la bataille de la survivance et du petit garçon bouclé qui, dans son char allégorique, incarnait le Précurseur, le temps d'une parade. D'une fête de la grande famille Canadienne-Française à la fête du peuple québécois, la fête nationale du Québec constitue la fête de tous ceux et de toutes celles qui composent le Québec d'aujourd'hui. Ce que fêtent maintenant Québécoises et Québécois, qui ont surmonté leur peur de disparaître, c'est bien davantage leurs succès, la force et le rayonnement de leur culture, leur confiance dans l'avenir. La société québécoise est ouverte sur le monde. Les rassemblements, tels que celui de la saint Jean ou le festival du jazz, illustrent la capacité des Québécois d'être ensemble au-delà de la langue et des origines. C'est grâce à une forme de convivialité qui est l'expression d'un des traits distinctifs de cette culture québécoise. Et à n'en pas douter sur le chemin du Roy, de Québec à Montréal, 40 ans après la visite du Général de Gaulle au Québec, ce « rameau du peuple français », se sentira fier d'être québécois.

« Et si on se lançait des fleurs ? » C'est ce à quoi me convient Hilary, François, Diane et les autres… dans l'un des quartiers en fête à Montréal. Le temps passe… et l'on éprouve toujours la difficulté de se dire : « Je t'aime ! » Vite, plus vite ! Tout va tellement vite que l'on oublie de dire à sa mère ou à sa femme, à son père ou à son mari, à sa fille ou à son fils, à sa sœur ou à son frère, à sa copine ou à son copain, à sa nièce ou à son neveu, à sa filleule ou à son filleul, à l'ami (e), à celles et ceux que l'on aime : « Je t'aime et je suis content que tu sois là. » Un nouveau Millénaire ! Une année nouvelle ! Une nouvelle étape de la vie privée ou professionnelle ! Et si on en profitait pour se dire que l'on s'aime, simplement, doucement, sincèrement. Sans raison et pour les mille raisons que l'on ne dit pas assez souvent. Comme un sourire qui ne coûte rien à celui ou celle qui le donne mais qui apporte beaucoup à celui et celle qui le reçoit. Comme un bouquet que l'on offre sans raison, pour le plaisir, rien que pour le plaisir, pour le plaisir de donner envie d'avoir envie, d'avoir plaisir de faire plaisir, tout simplement pour le plaisir de faire briller des étoiles dans les yeux de l'autre, pour le plaisir de faire chanter deux cœurs à l'unisson ! Mais une journée, c'est bien peu. Et demain alors ? Et si demain on décidait de continuer, de garder le meilleur, notre joie de vivre, notre cœur au ventre et repartir vers d'autres défis. Si nous prenions une journée pour célébrer tout ce que l'on est trop occupé pour remarquer. Et si, parce que l'on est bien ensemble, dans nos ressemblances comme dans nos différences. Parce que l'on s'aime et que l'on s'estime. Parce que nous sommes tout simplement heureux d'être ici, ensemble ! On continuait à se lancer des fleurs. On continuait à se dire : « Je t'aime ! » En ce jour de fête, en ce 24 juin, les Québécoises et les Québécois prennent le temps de se le dire sur tous les tons, de se le chanter avec passion. Je saisis cette contagion entre les êtres comme salutaire.

Mon guide s'appelle Diane. Seul, sans bien, sans prestige, sans aucun des bénéfices d'une culture, je m'expose au milieu d'hommes neufs et parmi des hasards vierges dans ce quartier de Montréal en compagnie de mon guide et de ses amis. Les escaliers extérieurs des maisons invitent à la rencontre dans les vieux quartiers. De Mont-Royal, la ville est à mes pieds. Quand le coucher du soleil avale la ville, la lumière rougeâtre se reflète sur les gratte-ciel. Montréal est plus que du béton, du verre et du fer. Elle est vivante. Montréal est femme. Elle a des formes, des hanches. Montréal est île. Pour s'échapper, il n'y a que la fête ou la nage, mais l'eau du fleuve Saint-Laurent est froide. C'est beau une ville la nuit. Montréal est belle la nuit. Dans le quartier latin file la nuit, de bar en bar. Dans les tournées de bars, la dégustation des bières de brasseries « fidèles à Robert Charlebois », côtoie les panneaux routiers annonçant « ici, s'arrête l'alcool ! » Mais la fête se marie ici avec une population relativement respectueuse de l'autorité et de la loi. Dans les rues, les patrouilles de police font leurs rondes débonnaires. La sécurité dans tous les domaines est une autodiscipline, voire une discipline de communauté, un honneur national.

Rappelles-toi Diane, c'était un jour de fin de millénaire. Rappelles-toi Diane, c'était un jour sous le soleil d'Adriatique. Le soleil, la mer, la beauté des lieux, là où la vie est belle, plus belle la vie ! J'ai accepté que nous soyons « compagnons de route », sur la route de Sarajevo. Tu m'as conseillé la lecture de « l'alchimiste. » Tout n'avait dépendu que d'un mot « Mektoub », « c'est écrit. »

« A chacun sa manière d'apprendre, se répétait-il in petto. Sa manière à lui n'est pas la mienne, et ma manière n'est pas la sienne. Mais nous sommes l'un et l'autre à la recherche de notre légende personnelle, et c'est pourquoi je le respecte. » Rappelles-toi Diane, Paulo Coelho ! Quelques temps plus tard, à l'issue de mon voyage au Québec, et de la relecture de ce roman, j'y ai mieux compris que nous étions bien l'un et l'autre sur le chemin de « notre légende personnelle. » Rappelles-toi Diane : « Ne renonce jamais à tes rêves, a dit le vieux roi. » Rappelles-toi Diane : « Sois attentive aux signes ! »

Je me faisais à l'idée que le Québec, ce « pays » à la fois si proche et si lointain de mon pays, la France, me révélerait quelques surprises. Si ! Si ! Je pensais alors à des paysages panoramiques, à ses hivers rigoureux, et à ses érables flamboyants de ses étés indiens. Eh bien ! Ce fut aussi des rencontres. Vincent, Hélène et Dee, Jacques et Mathieu, Jeanne, Jeannine, et les autres... A leur rencontre, j'y ai mieux compris le Québec. Je n'ai ni apporté des danses, ni ne suis venu les convertir. Je ne me suis pas immiscé dans leurs affaires, ni dans leurs coutumes. J'ai partagé leurs danses et leurs festins. Je les ai rencontrés entre amis. Ainsi ils m'ont souhaité « Bienvenu chez nous ! » Je me souviens. Je n'oublie pas. J'ai goûté prés d'eux un peu de la vie !

O'Québec, pour moi, tu te fais terre d'histoires et de légendes

A proximité de Montréal, une large pointe s'avance dans le fleuve Saint-Laurent entre les paroisses de Saint-Timothée et de Saint-Clément de Beauharnais, c'est la pointe du Buisson. Il y a fort longtemps, avant même la venue des hommes, « Aataentsic », la Mère du Monde, avait rassemblé à la pointe du Buisson, un grand nombre de forces vives. Il y avait l'eau rapide, le vent, la chaleur du soleil, le feu des éclairs. Et la vie emplissait le ciel, la terre et les eaux. Viennent alors les hommes qui jugèrent que ces forces leurs seraient utiles. Ils voulurent donc conclure une alliance avec elles. De leur côté, les forces vives fourniraient aux hommes tous les produits dont ils avaient besoin. En retour, les hommes s'engageaient à manifester pour ces forces un respect profond. « Aataentsic » accepta cette alliance et demanda à l'esturgeon d'en être le gardien. Tous les ans, l'abondance d'esturgeon indiquerait à la Mère du Monde et aux hommes si le contrat était toujours respecté. Et c'est ainsi que ce clan devint le clan de l'esturgeon.

O'Québec, où le sirop d'érable et l'amérindien sont deux témoins d'une histoire lointaine. La découverte de la merveilleuse eau d'érable par les amérindiens se perd dans la nuit des temps, et il faut remonter vers 1623 pour qu'un européen, dans un texte, nous fasse part de cette découverte sensationnelle dont les blancs ont hérité avec profits, celle de l'eau d'érable. La version la plus plausible, selon certains historiens, des amérindiens auraient, par pur hasard, lancé un « tomahawk » sur un érable. Certains disent un hêtre, pratiquant ainsi une incision de laquelle coula l'eau « miraculeuse » tombant dans un casseau d'écorce de bouleau pour être bouillie, plus tard, dans des contenants d'argile. Donc bien avant l'arrivée des français, le sirop d'érable existait au Québec et ce sont, en réalité, les missionnaires jésuites et récollets qui ont popularisé ce produit alimentaire auprès des européens venus en Nouvelle-France vers la fin du 17éme siècle. Les hurons, iroquois, et algonquins, répartis en plusieurs endroits du Québec ont contribué, d'une manière artisanale, bien entendu, à influencer les blancs à se doter d'un produit naturel, le sirop d'érable. Au point qu'il est avantageusement reconnu aujourd'hui dans plusieurs pays.

O'Québec, toi qui est terre d'histoires et de légendes amérindiennes. Des signes me guident sur la piste amérindienne. Je vais à leur rencontre. Dans l'imaginaire autochtone, la tortue est associée aux grands mythes de la création du monde. Lent et tenace, cet animal symbolise la sagesse et la persévérance. De nobles qualités qui ont permis aux nations autochtones de survivre, après des millénaires, en terre d'Amérique. Les plumes ont une longue histoire de symbolisme dans la culture amérindienne. Je peux en employer une sélection pendant que je voyage sur le chemin de ma légende personnelle. Ainsi j'apprends que la plume dite « réflexion » peut-être employée pendant mes méditations quotidiennes pour convoquer les quatre directions à me donner de la sagesse et de la puissance, pour m'aider à marcher sur le bon chemin. Je peux aussi la donner à un mentor pour démontrer mon respect pour la lumière que cette personne a fournie sur mon sentier de vie. La tortue symbolise l'honneur que je veux consacrer à mon exemplaire. Alors que la plume dite « Ne-Chee » symbolise la puissance de l'amitié. La plume de la « guérison » vient guérir mon âme, ou encore la plume de la « magie » prévoie l'avenir et fait produire des choses. L'attrapeur de rêves est une des plus belles histoires dans la mythologie amérindienne : une boucle avec en son centre tissé dans un motif de toile « d'araignée. » Il est dit que dans l'air de la nuit, il y a de bons rêves et de mauvais rêves. Les bons rêves vont à travers la toile et entrent dans celui ou celle qui dort. Les mauvais rêves deviennent désespérément emmêlés dans la toile où ils périssent à la première lumière de l'aube.

« Il y a deux tragédies dans la vie d'un homme : l'une de réaliser ses rêves, l'autre de ne pas réaliser ses rêves » comme l'écrivit Oscar Wilde. De mes vieux rêves, il y a eu de bons rêves. Ils ne se sont pas tous réalisés, mais je ne regrette pas de les avoir fait. Je conserve en de-vers moi un capteur de rêves, accroché à mon coeur, pour qu'il me capte encore de nombreux « bons rêves » et comme des lucioles éclairent mon chemin de légende personnelle.

Pour toi,
j'établirais l'inventaire de ma douceur

Trois-Rivières, à l'auberge La Flottille, c'est tranquille ! J'y revoie la devise « A cœur vaillant, rien d'impossible. » Devise du Régiment de Diane de Poitiers ! Devise de Scout ! Je suis encore attentif aux signes, moi l'ancien « Cœur vaillant. »

Ici, l'œuvre des Ursulines illustre l'apport significatif des communautés religieuses à la société québécoise. Le 10 octobre 1697, Sœur Marie Drouet et ses compagnes sont venues jeter à Trois-Rivières les fondements de l'œuvre admirable des religieuses Ursulines. Sitôt arrivées, elles ouvrirent une école pour l'éducation des jeunes filles. Ainsi commença l'histoire de leur enseignement dans cette ville. Educatrices, mais aussi hospitalières, elles tinrent un hôpital jusqu'en 1886. Se succédèrent ainsi des missionnaires et des curés, ainsi que quelques laïcs, qui établirent les premières écoles à Trois-Rivières. Maurice Le Noblet Duplessis, parmi les hommes politiques de Trois-Rivières, est sans doute le plus illustre. Le Québec lui doit, entre autres, l'adoption du drapeau fleurdelisé comme drapeau officiel.

Trois-Rivières est reliée de prés à l'activité maritime. Le fleuve Saint-Laurent coule à deux pas du centre ville et les navires font partie, pour ainsi dire, de la circulation urbaine. Plaque tournante dans l'histoire du développement économique du Québec, Trois-Rivières s'affirme d'abord comme poste de traite au temps de la colonie et par la suite comme centre de distribution et de transformation du bois pour l'industrie de pâtes et papiers au même titre que le port en eau profonde pour le transport des marchandises. Faisant l'orgueil de la ville, les terrasses du parc portuaire font profiter d'une vue magnifique sur le fleuve, le port et le pont Laviolette.

Un air de romantisme qui monte du fleuve Saint-Laurent m'envahi alors. A la rencontre de Nancy, je me fais poète.

Tu m'appelles, je l'entends par tes silences.
Nous sommes deux dans ce paysage, à déguster la belle vie.
Comme si rien, de nous deux, ne pouvait fuir.
J'attends tout, à cause d'un frôlement.

Chaque fleur cache un mystère,
Chaque mystère cache un aveu.
Le meilleur de cet instant me tire de ce qui m'entoure.
Pour toi, j'établirai l'inventaire de ma douceur.

Trois-Rivières me rappelle qu'il fut un temps où les poètes régnaient en rois et maîtres sur les esprits et les cœurs maudits ou bénis, ils étaient lus, cités, chantés dans les rues et les cours. Le bonheur qui n'a pas d'histoire n'a peut-être pas beaucoup de poésie. La misère serait-elle muse ?

« Le fleuve est un chemin qui marche ! » C'est ainsi que les Amérindiens appelaient le fleuve Saint-Laurent. Je poursuis le chemin du Roy jusqu'à Québec. Je viens mouiller l'ancre à Québec « qui est un endroit de ladite rivière canada, qui a quelques trois cent pas de large. Il y a à ce détroit du côté nord une montagne assez haute qui va en s'abaissant de deux côtés ; tout le reste est pays uni et beau, où il y a de bonnes terres pleines d'arbres, comme chênes, cyprès, boules, sapins, et trembles, et autres arbres fruitiers sauvages et vignes. » tel que le décrit, déjà Samuel de Champlain en ce 22 juin 1608.

Nous avons tous ouverte dans notre mémoire, une curieuse valise qui s'emplit et se vide au fil de notre vie. Nos voyages enrichissent le vestiaire de « notre Histoire. » Sur cette terre foulée par Samuel de Champlain en 1608, mon voyage enrichit le vestiaire de « mon Histoire. »

Je me fais coureur des bois.
De l'Indien, j'ai l'insouciance,
L'ouie et l'intrépidité,
Pareil mépris de l'existence,
Pareil amour de Liberté.

Québec, c'est aussi Jacques Cartier, Brulé, Nicolet. Québec, terre de liberté, j'ai traversé un continent et un océan. Je suis au milieu des chênes, des cèdres, des ifs et des noyers. Je me suis fait rebelle fuyant ma Patrie. J'ai choisi la Nouvelle-Terre que l'on baptisait à tort autrefois : « les faubourgs de l'enfer. » Ce n'est que signe de « Bienvenue chez nous ! » Où je « jase » en bonne compagnie au fil de mes rencontres. O'Québec, mon amour, je tombe amoureux de ton pays, orné des couleurs d'espérance : du bleu de tes ciels nordiques, du jaune de tes printemps tardifs, du rouge des érables flamboyants de tes étés indiens. O'mon sirop d'amour ! O'Québec, mon cœur d'érable ! O'Québec, mon amour, ne parle pas, tutoie-moi, embrasse-moi, étouffe-moi d'un autre langage qui me fera vivre.

Tadoussac a été le site de la première maison en Nouvelle-France dés 1600. La poste de traite « Chauvin » est un petit musée qui en dit long sur l'histoire et ce, dans le respect des pionniers, des Amérindiens, et même des animaux sauvages. C'est à la suite d'une randonnée historique théâtralisée, en compagnie d'Édouard, Christophe et Annie, que je découvre la ville, de la baie à la chapelle des indiens pour finir à prendre le thé au Grand Hôtel de Tadoussac. J'ai l'impression de rencontrer Samuel de Champlain et les Amérindiens, d'être un anglais du 19ème siècle qui déguste une portion reculée de l'Empire. Le lendemain, mon excursion en zodiac me procure une vision des baleines à ras d'eau. Elles soufflent, elles soufflent… J'enregistre dans ma mémoire visuelle ces vues qu'il m'a rarement été donné de voir. Puis, je vais découvrir les lieux environnants, les Escoumins, les Grandes-Bergeronnes, la baie Sainte-Catherine… Prés de l'auberge coule un lac, dans un décor digne d'un parc national. Les lacs canadiens sont les plus belles choses que je connaisse. J'aime ces lacs pour les teintes nuancées de feuillage à la fin de l'automne, pour la couleur violette que la lumière projette sur les montagnes et pour la brume du matin. Et si le bonheur se trouvait au bord d'un lac ! Tadoussac, berceau de la Nouvelle-France : comme si Dieu, ou le Sieur de Monts en 1600, avait réunit en cet endroit la rivière Saguenay, le fleuve Saint-Laurent, la forêt, un lac, des mammifères marins… J'avais rêvé du Québec. Je trouve encore dans ce voyage un havre de Paix, de calme et de sérénité, un coin de Paradis. Tadoussac, un petit coin de Paradis ! Ne le répétez pas des fois que cela finisse par se savoir… On ne dit mot de ce que l'on chérit. On dit toujours du dernier voyage que celui-ci est le plus beau. Au fil du Saint-Laurent, regard de Béluga, regard sur mes comportements d'observation, regard sur ma propre survie… Depuis mon départ de Montréal, des paysages panoramiques, des forêts, de la flore, de la faune… et des rencontres. Les rencontres me fabriquent et m'emportent vers d'autres lieux. C'est comme si l'esprit indien était entré dans mon esprit, ici arrivé à Tadoussac. Je danse autour du feu de « la joie de vivre. » Ma vie a changé. Mon cœur s'est ouvert. Mon esprit a grandi, a appris, a été impressionné à tout jamais... Merci la vie ! Le souvenir du bonheur est encore du bonheur. Il y a des bons et des mauvais rêves. J'avais rêvé du Québec. C'est un bon rêve. De mes vieux rêves, il y a eu de bons rêves. Ils ne sont pas réalisés, mais je ne regrette pas de les avoir fait. La grandeur de l'espace, la chaleur des cœurs, l'accueil et l'hospitalité comme il devient rare... parce que la société moderne façonne l'individualisme. La côte Nord, avec ses montagnes coupées çà et là d'oasis chanteresques, se fait harmonie, murmure, pour que l'homme puisse l'embrasser au moins du regard. Le panorama du Golfe du Saguenay, de la baie Sainte-Catherine m'en donne l'occasion. J'enregistre ces images « hors de l'ordinaire » dans ma mémoire visuelle.

Je suis venu à toi par tout un jour de patience.
O'Québec je te dis au revoir les yeux tout trempés.
Depuis que je t'ai quitté, y a comme un trou dans ma vie...

Happy Birthday !

Rivière du Loup, accueilli par le maire Jean D'Amour, un nom qui ne s'invente pas, et par « la Pionnière » qui dans sa crêperie me rappelle le pays de mon enfance, et mes ancêtres de mon Poitou natal. Pour quelques jours la fête bat son plein et, le rodéo envahi la ville.

Puis, là où « l'espoir renaît », je prends la route panoramique de la vallée et, j'entre dans le Nouveau-Brunswick, et sur les chemins amoureux de l'Acadie. De Saint-Jacques jusqu'à Saint-Jean, de Saint John à Fredericton, cette route longe le majestueux fleuve Saint-Jean, le cours d'eau le plus spectaculaire du Canada atlantique. Temisconata-Edmundston est un axe naturel riche en histoire et en culture. Ici, la route était autrefois « le sentier du portage. » A mon arrivée à Edmundston, mon voyage s'amorce sur une note fleurie : les jardins de la République. Ce jardin crée une oasis de couleur et de musique. Je savoure cette symphonie pour les sens. De Woodstock à Fredericton, je traverse les beaux paysages d'une province qui a le bonheur d'en avoir plus que sa part. A Prince William, le village historique recrée le monde de vie des pionniers loyalistes qui s'établirent dans la vallée du fleuve Saint-Jean au 19ème siècle.

Fredericton m'ouvre ses portes sous une haie d'honneur de la garde en tuniques écarlates pour célébrer le « Canada Day. » Wendy… sans Peter Pan, m'accueille dans son pays imaginaire : le Skyline Motel. Je me surprends à faire un bouquet de fleurs des champs et de feuilles d'érable. Je l'offre à mon hôtesse « Happy Birthday ! » Il est des moments uniques et éphémères qui en disent plus que de longs discours. Et, si le bonheur était une succession de petits bonheurs éphémères ! J'aime ces moments éphémères, pour le plaisir, rien que pour le plaisir. Nombreux sont encore celles et ceux qui sous-estiment le pouvoir d'un contact, d'un sourire, d'un mot gentil, d'une oreille attentive, d'un compliment sincère, d'un encouragement, d'une mise en valeur, ou d'une moindre attention. Ils ont tous le pouvoir de changer une vie. Le rejet de l'autre, la négative attitude, le comportement toxique, la dévalorisation, l'ingratitude, engendrent le repli sur soi. L'absence d'exemplarité, de morale, de fierté et de projet d'avenir partagé, d'appartenance, de cohésion, d'un esprit d'équipe, voire d'un « esprit d'équipe multiculturelle » encouragent l'absence de patriotisme.

Les Canadiennes et les Canadiens forment une équipe « multiculturelle. » Fier de son passé glorieux, il est sûr de son avenir. Les pères, et les mères, n'ont pas peur de se voir dépasser par les fils, et les filles. Ici, au Canada, Le patriotisme est un honneur national. Parti dans un autre pays, le temps d'un voyage je me suis fait rebelle, j'ai quitté ma Patrie. Mais, je suis Patriote. Patriote, je reste. Comme les Canadiennes et les Canadiens à travers le monde, je célèbre avec eux cet anniversaire. Je me promène sur « les verts » qui bordent le fleuve, puis dans le centre ville où j'assiste au défilé. « Centre-ville », là où bat le cœur de la communauté. Ce défilé célèbre les différentes communautés. Ce terme de « communautés » que l'on retrouve souvent en Amérique du Nord. Diverses organisations viennent participer à l'entraide telle que « les Chevaliers de Colomb. » Il y a peu de présence militaire, hormis les anciens combattants.

Je suis les retransmissions télévisées de la fête à Ottawa. En ce 1er juillet, les acteurs soulignent que le Canada est un pays d'accueil, de paix et de tolérance. Ils rappellent le manifeste contre la violence signé à Paris en 1999, par les Prix Nobel de la Paix. Pour la septième année consécutive, en l'an 2000, l'Unesco a décerné au Canada : la meilleure qualité de vie. Le spectacle d'Ottawa montre la diversité culturelle, due à l'immigration « choisie et contrôlée » de divers continents. Partout où je suis allé, j'ai été sensible au fait que chacun partage un pays aux multiples frontières : géographiques, spirituelles, culturelles et linguistiques. La communauté donne aux Canadiens un sentiment d'appartenance. Il construit le patriotisme canadien. Ce sentiment d'appartenance que l'on recherche toujours et dont on a besoin. Nous voulons tous être inclus, faire notre part, participer à notre société.

En l'an 2017, le Canada fêtera ses 150 ans, si l'on prend pour référence 1867. Comme si le pays n'avait pas commencé de se former il y a déjà huit à dix mille ans, des premières nations, des Inuits et des Métis, puis à la venue de Jacques Cartier et de Samuel de Champlain. Le nom « Canada » ne figure sur les cartes que depuis quelques siècles, il est vrai, mais le pays est en réalité une terre très ancienne. Le Canada est une société ancienne qui essaie de se faire croire qu'elle est neuve. Serais-ce une société dans laquelle les habitants ont la vieille habitude d'oublier leur histoire ?

Le Canada termine, ce 1er juillet, comme il l'a commencé par un hymne national (Hymne national canadien : O'Canada, 2/3éme couplet) à l'ensemble de sa communauté : « un peuple de frères. »

De son patron, précurseur du vrai Dieu,
Il porte au front l'auréole de feu.
Ennemi de la tyrannie,
Mais plein de loyauté,
Il veut garder dans l'harmonie
Sa fière Liberté.
Et par l'effort de son génie,
Sur notre sol asseoir la vérité,
Sur notre sol asseoir la vérité !

Amour sacré du Trône et de l'autel,
Remplis nos cœurs de ton souffle l'immortel.
Parmi les races étrangères,
Notre guide est la foi.
Sachons être un peuple de frères,
Sous le joug de la loi.
Et répétons comme nos pères,
Le cri vainqueur : « Pour le christ et le Roi. »
Le cri vainqueur : « Pour le Christ et le Roi. »

Sur les chemins amoureux de l'Acadie

Le soleil du matin caresse l'Acadie.

Saint-John, le fameux trésor naturel du Nouveau-Brunswick, l'incroyable baie de Fundy commence ici. Là où la baie de Fundy rencontre le fleuve Saint-Jean se forme le phénomène des chutes réversibles. Ville portuaire, Saint-John est semblable à une ville industrielle de la banlieue londonienne. Inutile de préciser que je suis en Nouvelle Angleterre. Ses bâtiments de brique rouge ne donnent guère d'attrait touristique. Cité maritime, elle vit au rythme de son industrie et de son musée sur le Nouveau-Brunswick. Rues Canterbury, Prince William, Waterloo, une ville déserte en ce dimanche laisse la place au country ou au bingo pour laisser le temps s'écouler lentement. Je profite de cet arrêt pour remettre de l'ordre dans mes inspirations de voyage. Je consacre un peu de temps à mon carnet de voyage, à mon récit de voyage dans l'Est canadien.

Après Toronto, Winnipeg et Régina, le gouvernement fédéral a inauguré une place du Canada à Moncton. Située dans l'édifice du gouvernement canadien au 1045 de la rue Main, en face du Highfield Square, la Place du Canada se veut un lieu de rencontre où les Canadiens et Canadiennes peuvent découvrir une gamme de ressources éducatives, tout en se renseignant sur les programmes et les services du gouvernement fédéral. J'y rencontre Mélissa, qui m'accueille avec amabilité, me fournit les renseignements qui me manquaient pour me faire « ma certaine idée du Québec. »

Moncton, ville bilingue, ville hybride, entre deux cultures qui s'entremêlent, se perdent et se réinventent. Moncton, ville où les hommes et les femmes s'y fabriquent une vie à leur mesure. La région de Moncton a grandi à partir d'un petit établissement acadien appelé le Coude. Après la déportation des Acadiens, l'emplacement demeura vacant jusqu'à l'arrivée en juin 1766, de familles immigrantes de Pennsylvanie à qui la « Philadelphia Land Compagny » avait concédé des terres. Nommée en l'honneur du colonel Robert Monckton, la colonie fut constituée en corporation en 1855. Moncton acquit le statut de ville le 23 avril 1890.

Ses armoiries illustrent à la fois ses antécédents agricoles et son patrimoine industriel et ferroviaire ainsi que son attraction touristique : le mascaret. Le mascaret est un phénomène causé par les marées de la Baie de Fundy, et il se manifeste deux fois par jour. Le flux de la marée de la baie remonte le cours paisible de la rivière Petitcodiac, sous forme d'une vague de 3 à 60 cm. A marée basse, le font vaseux de la rivière est souvent visible, mais en l'espace d'une heure après l'arrivée du mascaret, le niveau de l'eau monte de quelques 7,5 mètres pour remplir entièrement le lit de la rivière. Le temps d'une visite au musée de l'Acadie, le phénomène allait s'accomplir.

A la visite du musée acadien de l'université de Moncton, je prends la mesure de l'histoire du peuple acadien. En 1523, au cours de son voyage le long des côtes de la Georgie jusqu'à Cap Breton, Giovanni de Verrazano fut tellement émerveillé par la beauté de l'endroit qu'il nomma cette région « Arcadie », car elle lui rappelait la « Terre de Paix des Anciens Grecs » que l'explorateur crut avoir retrouvé ici. Avec l'évolution et la précision de la cartographie nord-américaine le « r » fut éliminé. Selon les linguistes, le mot « Cadie » utilisé pour désigner ce territoire vient du dialecte indigène. Le nom d'Acadie prendrait son origine soit du nom Micmac « Algatig » qui veut dire lieu de campement ou d'une déformation du mot malécite « Quoddy » qui désigne des lieux fertiles tels que Shubenacadie, Tracadie, et Passamaquoddy.

C'est le film « Acadie Liberté », réalisé à ma grande surprise par un Américain, Pierre Radford, qui fut ma première rencontre avec l'Acadie. Mais Zachary Richard fait aussi partager son regard sur l'Acadie, pour « l'honneur » des Acadiens, « contre vent, contre marée », il raconte aussi l'histoire des Cadiens de la Louisiane.

Le film « Acadie Liberté » témoigne aujourd'hui de la formidable capacité de ce peuple acadien de survivre. Il parle d'une histoire dont on ne connaît généralement que les grandes lignes, marquées d'une date fatidique, celle de 1755, où par les effets conjugués de l'intolérance et de l'envie, un petit peuple paisible et indépendant fut à jamais dépossédé de son territoire. « Acadie Liberté » relate le parcours du peuple acadien depuis ses origines au début du 17ème siècle, jusqu'à la fin du 18ème siècle. Aujourd'hui c'est plus de trois millions de descendants, de ces pionniers, à travers le monde.

La triste épopée des Acadiens a été racontée à maintes reprises, mais jamais de manière plus émouvante, plus romantique que dans le poème « Evangeline », de Henry Longfellow. Evangeline est une oeuvre dramatique, qui prend sa force dans la réalité des événements. Le voile gris cache souvent la vérité. Une jeune fiancé est séparée de son bien-aimé au moment de la brutale déportation des acadiens de la Nouvelle-Écosse par les Britanniques. Exilée, bannie à jamais de son pays, elle consacrera sa vie à le chercher. Aux pierres des tombeaux, leur histoire est écrite. L'héritage de l'Acadie va bien au-delà de ces pierres. Comme un testament de sa tragique destinée, il repose dans le secret des archives qui marquent, à travers le monde, le tracé de son parcours. « Porteuses de preuves, d'information et de témoignages, les archives agissent comme révélateur de culture, ce supplément d'âme qui donne un sens et une identité aux propres humains. »

Les premiers Européens venus en Acadie arrivaient d'un univers en perpétuel conflit – tiraillés entre la richesse et la misère, entre la domination des uns et la subordination des autres – se gonflèrent de ce rêve. Les navires rapporteront de ces voyages un parfum d'aventure et de liberté. Les images d'un monde fabuleux, dont l'abondance suscite la convoitise. Les Européens viendront en expéditions de pêche puis pour s'approvisionner en bois et en fourrure. Durant un siècle les caprices des rois fera osciller le pendule 11 fois de la France à l'Angleterre, tantôt Acadie, tantôt Nouvelle-Écosse ; Acadie ; Nouvelle-Écosse ; Acadie ; Nouvelle-Écosse… Les guerres et les traités façonneront le destin de l'Acadie. Beaucoup d'Acadiens retracent leurs origines dans l'ancienne Province du Poitou et sur les terres de son premier gouverneur Isaac de Razilly. Il est dit que Charles de Menou de Charnisay, Charles d'Aulnay, recruta les colons dans la région de Loudun, La Chaussée, où de Monts sur Guesnes, où dans les registres paroissiaux abondent les noms de Gautier, Thibodeau, Landry, LeBlanc, Blanchard, Robichaud, Brault… fréquents en Acadie. D'autres, comme Belliveau, Richard, Dugas… sont venus des Charentes, de Normandie, de Bretagne, de Picardie, du Midi, ou de la Belgique. La liste des passagers du Saint-Jean parti de La Rochelle en 1636 cite les premières familles de l'Acadie. Beaucoup sont des paysans partis dans l'espoir d'une vie meilleure dans la liberté du nouveau monde. A l'époque de l'établissement des premiers Français dans l'Est du Canada, l'Acadie comprenait de façon générale, le territoire représenté de nos jours par la Nouvelle-Écosse, le Nouveau-Brunswick, les îles du Golfe du Saint-Laurent, ainsi que la majeure partie de l'État du Maine, aux Etats-Unis. La cession de l'Acadie à l'Angleterre en 1713, en vertu du traité d'Utrecht restreignit son territoire à la presqu'île de la Nouvelle-Écosse. Le Traité d'Utrecht les enjoint de quitter la région. Ceux qui souhaitent y demeurer sont forcés de prêter serment d'allégeance à la couronne britannique. En revanche, on leur promet qu'ils pourront conserver leurs terres. Ils ont aussi droit à leur croyance religieuse et à leur neutralité en cas d'attaque des français. L'Acadie sous leur tutelle connaîtra une ère d'abondance et de paix. Jusqu'en 1755, la population quadruple, les familles comme les fermes sont florissantes. Jusqu'en 1755… Quand le Gouverneur de la Nouvelle-Écosse entre en scène.

Il est le maître d'œuvre de la déportation des Acadiens. Celle-ci a été planifiée. Les troupes du Massachusetts sont chargées d'opérer l'historique déportation des Acadiens, et dispersent des milliers de ces infortunés dans les colonies anglo-américaines de l'Atlantique « comme des feuilles dans le vent d'automne. » Aujourd'hui le plus fort groupe d'Acadiens se trouve en Louisiane, en Nouvelle-Orléans. Alors que d'autres ont rejoint les terres françaises à Belle île en mer ou Châtellerault, dans le Poitou.

Si le célèbre auteur, Henry Longfellow, dans son poème évangeline, décrit de façon simple et touchante la vie des pionniers Acadiens. Des mémoires et des récits de l'époque permettent à des siècles de distance de retracer les étapes de la création de l'idée de patrie acadienne. Rameau de Saint-père dans son ouvrage, une colonie féodale en Amérique, en donne une idée : « Leurs joies étaient celles du foyer domestique et, au dehors, les courses violentes et les pêches hardies. Ils aimaient les fêtes de l'église, les longues guirlandes des processions fleuries et les chants solennels, auxquels répondait la grande voix de l'océan. Dans les veillées, ils retrouvaient encore quelques vieilles chansons de France, au milieu de joyeux propos des récits de chasse et de flibuste. D'autres fois, songeurs solitaires, ils éprouvaient, aux accords mélancoliques de la mer, ces méditations rêveuses que la religion éveille dans les âmes les plus simples, aussi bien que chez les grands esprits. Ils en faisaient des légendes et des chants populaires. » C'est dans ces premières ébauches de la vie intellectuelle que Longfellow a puisé l'idée mère d'Evangeline.

C'est ainsi que se précisa l'idée de la patrie acadienne, parmi les fils et les petits-fils des premiers colons français arrivés en Acadie. Le sentiment de la patrie acadienne avait pénétré leur âme. L'amour du sol acadien était entré dans leur cœur. Ils étaient devenus des Acadiens. En 1881, ils choisissent la Sainte-Vierge, Marie, comme mère patronne. En 1884, ils choisissent « l'Ave Maria Stella » comme hymne national, et un drapeau : le bleu montre le ciel ouvert pour ce peuple si religieux, si généreux ; l'étoile sur fond bleu représente Notre-Dame de l'Assomption, c'est Marie, mère patronne ; le blanc représente l'attachement à leur foi, leur langue, leur tradition, leur patrie acadienne. La devise acadienne s'inscrit alors : « l'Union fait la force. »

Le plus gros homard du monde m'accueille à Shédiac. Shédiac vit au rythme du « festival du homard » bercé par les rythmes acadiens : Belivo, Cayouche, Suroît, Bois-Joli, le groupe 1755, Art Richard.

J'enrichis mes connaissances sur l'Acadie. J'y apprends que Pascal Poirier était le chef de file Acadien de 1852 à 1933. J'y apprends un peu plus sur l'engagement d'Acadiens dans la première guerre mondiale. Que si Saint Louis de Kent est le berceau du drapeau acadien, Caraquet, jumelé avec Châtellerault en France, se veut « Capitale de l'Acadie. »

Chaque jour je savoure un homard, ou deux. Pensez ! Un zoologiste de l'Université de Toronto pense que le homard renferme le secret de la jeunesse éternelle. Quel que soit son âge, il ne perd jamais sa souplesse, sa vitesse ou sa force, et même un homard peut, d'un coup sec, fermer ses pinces cinq fois plus vite qu'un humain peut clignoter des yeux. Ce scientifique croit que s'il arrivait à découvrir l'origine de cette jeunesse et cette vigueur chez le homard, il pourrait appliquer ce même remède aux humains. Alors je m'empresse d'en déguster quelques-uns le temps de mon passage, sans attendre les résultats de la science.

J'ai deux amours : mon pays et l'Acadie

Le soleil du matin caresse l'Acadie, les joies succèdent à l'épreuve.

Caraquet, le hasard me conduit sur la rue de Châtellerault. C'est un signe ! J'observe que contrairement à mes villages français organisés autour de l'église et de la mairie, les villes et villages canadiens s'organisent sur la longueur d'une rue ou route principale, selon le concept des « villages-rue. »

« Cam » me fait découvrir la ville de Caraquet et les lieux qui unissent cette ville à la famille Dugas. J'y remarque dans ses propos cet attachement à la foi, à la langue, à la tradition, à la générosité. J'y prends plaisir et je revois quelques instants des souvenirs et des valeurs qu'aimaient à me transmettre mes grands-parents, oncles et tantes, à Châtellerault, et à Savigny sous Faye, prés de Monts sur Guesnes. Il s'établit comme une relation entre la beauté de l'endroit et les émotions de mon enfance poitevine. Ces petits bonheurs qui se sont réalisés au fil de mes séjours dans mon Poitou natal. Du Poitou d'où j'ai des souvenirs d'enfance. Je suis de mon pays. Je suis de ma région. Le patriotisme régional est indissociable du patriotisme national. Je suis Patriote. Patriote, je reste. Chante ma tendre enfance, à jamais mes souvenirs qui ne reviendront pas. Comme en ce temps là, en Poitou, je passe en Acadie un séjour de l'innocence et du bonheur. « Plus je considère ce peuple, écrit en 1708, Daniel Auger de Subercase, le dernier Gouverneur français d'Acadie, plus je pense que ce sont les gens les plus heureux du Monde. »

A « moitié-moitié » de mon rêve québécois, je m'en vais partager les festivités du 14 juillet avec les Acadiens, et quelques vendéens. A Caraquet, le village acadien entretient le culte de la mémoire des ancêtres acadiens. Des habitants des villages alentours participent à l'animation de ce site. Odette Brideau, de Pont Landry, se prête pour le plaisir de tous les visiteurs à l'animation de la maison « Thériault. » Un prénom qui rappelle à ma mémoire les petits bonheurs vécus au « Château de la Sithiére », le château de ma grand-mère, l'une de mes ancêtres bien-aimés… un signe !

A l'époque des pionniers, des familles nombreuses habitaient ces maisons. Ils n'étaient pas rare de voir des familles de sept à douze enfants. L'arrivée d'une nouvelle maîtresse d'école est fêtée joyeusement, et tous les acteurs se prêtent au jeu pour faire revivre au sein d'un même site la vie d'un village acadien.

Pendant que certains prennent racine « là où le sort les a jetés. » D'autres reviennent non loin du point de départ. Ils ne retrouveront jamais leurs terres ancestrales, 8 000 colons protestants sont venus les remplacer. Mais l'Acadie vaincue n'a pourtant pas été détruite. Au Nouveau-Brunswick, en Nouvelle-Écosse, à l'île du Prince Édouard, à Terre-neuve, aux îles Madeleine, et en Gaspésie, à Saint-Pierre et Miquelon, le peuple acadien habite toujours le pays « là où se lève le soleil. » En France, en Nouvelle Angleterre, au Québec, en Louisiane, séparés par la distance et par le temps, d'autres sont liés à l'Acadie par le sang, par la tragédie du grand dérangement.

En ce 14 juillet, fête nationale de la France, l'Acadie s'associe avec cœur à la nation dont son peuple est sorti. Plus qu'un vague « devoir de mémoire », c'est une obligation que d'évoquer les liens historiques qui la rattache, qui la lie, au pays dont elle est politiquement séparée depuis 1713. « L'Acadie a toujours conservé vivace le souvenir de ses origines. » A tel point qu'en 1884, le fougueux prêtre-patriote, Marcel-François Richard, faisait adopter le tricolore français avec une étoile, symbole d'espérance, comme drapeau du peuple acadien. Ce geste était paradoxal puisque jamais le drapeau né de 1789 n'avait flotté dans l'ancienne Acadie. Mais ce geste radical avait un sens dont la symbolique pérennise cet attachement à leurs racines bien au-delà de la simple nostalgie. Pour Monseigneur Richard, prophète inspiré s'il en fut de leur affirmation identitaire collective, ce « drapeau nous dit simplement que nous sommes Français et que la France est notre mère Patrie. » Que voilà une phrase admirablement dépouillée et qui va droit à l'essentiel.

Ce sentiment d'appartenir quand même à la France, malgré les horreurs et les vicissitudes de leur histoire, a toujours été fort. Dés 1755, Montcalm lui-même écrivait que les Acadiens, dont la tragédie commençait, étaient « les malheureuses victimes de leur attachement à la France. » Combien de chefs de file Acadiens n'ont-ils pas évoqué au cours des siècles ce puissant et indéracinable lien affectif fondé sur la fidélité ?

Ainsi, l'abbé Thomas Albert, historien de Madawaska, disait devant les congressistes de la Société Nationale de l'Acadie, à Sainte-Basile, en 1908 : « Pour nous, les héritiers du sang français dispersés sur le continent américain, nous pouvons dire que nous avons aussi deux patries, que nous réunissons dans un seul et même amour la Vieille France et la Nouvelle. » Ce n'est là qu'un exemple parmi des centaines. Et que l'on n'aille pas attribuer ce sentiment uniquement à une élite forcément restreinte et encline aux pompeuses sonorités du verbe patriotique. Au contraire, il s'agit bel et bien d'un sentiment populaire fortement ancré dont on a pu mesurer l'ampleur en 1999 à Memramcook, par l'accueil accordé au Président Jacques Chirac par le peuple acadien, joyeusement souverain et égalitaire. On ne pouvait pas se tromper sur le caractère particulièrement spontané et chaleureux de cet accueil populaire. Bien plus, cette même chaleur fraternelle dans le respect de ce qui unit les Acadiens a été accordée tout aussi spontanément à Lucien Bouchard, Premier ministre du Québec. Puissant symbole que cette réception car par-delà le Président de la République, garant des valeurs pérennes de la francité, c'était à la France que l'Acadie rendait un hommage de gratitude simplement parce qu'elle est la France. Et le peuple acadien, sans se tromper, associait d'emblée et naturellement le Québec dans cet hommage à ses racines communes. « Je voudrais affirmer, disait le président Jacques Chirac, l'amitié et le respect de la France à l'égard de tout un peuple qui incarne le courage, la fidélité et l'honneur. » L'Acadie, du moins celle du Nouveau-Brunswick, n'est plus une « malheureuse victime » et le président de la République française n'a pas manqué de souligner l'importance des relations directes entre l'Acadie et la France depuis la réception par le Général de Gaulle de la mission acadienne constitué par messieurs Finn, Richard, Savoie et Daigle en 1968. Déjà, depuis 1964, le consulat de France avait été déplacé de Halifax à Moncton. A partir de 1968, de par la volonté expresse du Général de Gaulle, un poste de conseiller culturel était créé. Cette double action consulaire et culturelle se poursuit depuis dans une heureuse complémentarité. N'essayons même pas de comptabiliser les bénéfices qu'en retire l'Acadie tant ils sont considérables. Or, le volet culturel ajouté en 1968 au rôle de représentativité du consulat est appelé à se développer car, à Memramcook, le président Jacques Chirac déclarait : « Je renouvelle devant vous l'engagement de la France à vos côtés. Je réaffirme son intention de renforcer encore sa coopération culturelle, comme en témoigne la récente création d'une alliance française à Moncton. » Aujourd'hui, Acadie tu souris, tu embellis, tu éclaires du reflet de ton succès. Acadiennes, Acadiens, le temps est au beau. La vie peut recommencer. Tes couchers de soleil écrivent le futur du rêve acadien, sûr de son avenir. Je me souviens. Je n'oublie pas. Acadiennes et Acadiens, je vous aime. Auprès des familles Dugas et Landry, de Marion, j'ai goûté un peu de la vie « acadienne. » L'amour du sol acadien est entré dans mon cœur. A l'issue de ce séjour de l'innocence et du bonheur passé en Acadie, j'ai deux amours : mon pays et l'Acadie.

Laissez les bons temps rouler !

Retour vers les Acadiens, vers les Cadiens, vers celles et ceux qui ont été dispersés « comme des feuilles dans le vent d'automne » en Louisiane, en Nouvelle-Orléans. Je me souviens du temps, encore pas si lointain, où à « La Table française », Ray, Jane et Rod m'ont invité à parler et chanter français en leur compagnie, dés le lever du jour, au Café Dwyer's à Lafayette. Du temps, où Catherine et Mark m'ont invité aux soirées du Blue-Moon, à partager l'identité culturelle des Acadiens, sur les traces des Français d'Amérique. Du lever du soleil à l'arrivée de la lune, les journées à Lafayette sont ponctuées de « l'esprit » Cajun, avec différents musiciens invités, agrémentées de découverte de la cuisine locale tel que le Jambalaya, sorte de paella sans safran composée d'écrevisses, de saucisses et de viande de porc. Blue-Moon, ce n'est ni tout à fait une « Guest House », ni tout à fait une « Youth Hostelling Internationale », une « maison d'hôtes », ni une « auberge de jeunesse. »

Les sept cent mille Cadiens, ou Cajuns, qui vivent dans le sud de la Louisiane représentent le groupe francophone le plus important aux Etats-Unis, les Français d'Amérique. Ils sont les descendants des premiers blancs qui se sont installés en Amérique du Nord, en provenance de Bretagne, du Poitou, des Charentes, de Normandie, du Midi, et ont établi leur première colonie dans l'actuelle Nouvelle – Ecosse au Canada. C'était en 1604, trois ans avant Jamestown, quatre ans avant Québec et quinze ans avant le Mayflower. Un siècle et demi plus tard, ils ont été chassés du Canada et sont arrivés dans le sud de la Louisiane. Certains se sont installés le long du Mississippi, au nord de La Nouvelle-Orléans. D'autres ont immigré dans les marais, le long du Bayou Lafourche. Un autre groupe a traversé le bassin Atchafalaya, jusqu'aux territoires des indiens Attakapas et Opelousas, a proximité des villes actuelles de Saint Martinville et Lafayette. La culture louisianaise unique, et sa joie de vivre, se sont toujours traditionnellement exprimées à travers sa musique et sa cuisine, son art et son architecture unis par un héritage francophone commun. La musique cadienne fait autant partie du paysage que les bayous tortueux et les chênes drapés de mousse espagnole. Aujourd'hui, on sait comment laisser rouler les bons temps au Festival International de Louisiane.

Pourtant, « Danse – Musique – Cuisine », derrière le miroir musical et culturel, derrière cette « joie de vivre », il manque le parler français. Nombreux sont ceux qui ont fait l'objet de réprimandes à l'école pour ne pas parler l'anglais. Ici, souvent la génération des cinquante ans est la seule qui a conservé un peu de notre langue. Pour autant, le français a la vie dure face à la devise chère à Théodore D. Roosevelt « Une Nation, une langue. » Pour autant, une Nation s'enrichit aussi de par sa diversité culturelle. Après ces quelques jours à Lafayette, je partage l'analyse d'un cajun : « Si on ne préserve pas la langue, je crois que la musique et jusqu'à le manger va détruire. La langue c'est comme tu dis du « glue » en français ? La colle ! Ouais, la langue c'est la colle qui tient la culture ensemble. » Un nouveau défi semble lancé à la Louisiane en général, aux cajuns en particulier, celui de ne pas lâcher la langue française. Cajun, souviens-toi qu'un peuple sans passé est un peuple sans futur. Qu'une génération qui ignore son histoire n'a pas de passé ni de futur. Cajun, la langue française fait aussi partie de ton héritage. Prends soin de ton héritage francophone, et pour montrer à tes ancêtres que leur tradition ne s'est pas perdue, contre vent, contre marée, « lâche pas la parole française. » Sur les traces des Français d'Amérique, Lafayette est une bonne place où il fait bon laisser le bon temps rouler. La « Lune bleue » éclaire une certaine idée de l'identité culturelle acadienne. A la « Lune Bleue », j'ai goûté un peu de la vie acadienne aux Etats-Unis. Depuis, je regarde la lune autrement.

Un Château… au Canada !

Pointe à la Garde, je vais vers le parc de Miguasha, un pas à la fois… vers la conquête du sol et sur les traces de l'homme. Le Parc de Miguasha figure depuis 1999 sur la liste du patrimoine mondial de la convention de l'Unesco concernant la protection du patrimoine mondial culturel et naturel. Il est considéré comme le site paléontologique le plus représentatif au monde de la période du dévonien, appelée « âge des poissons. » Tous les vertébrés ayant acquis ou en voie d'acquérir la locomotion quadrupède appartiennent au groupe des Tétrapodomorphes. Parmi eux figurent les poissons qui ont marqué la transition entre les vertébrés terrestres. Watsoni, l'épitostéze, dit le Prince de Miguasha, découvert à Miguasha évoque de plus en plus un animal s'adaptant à la vie terrestre. L'être humain fait partie des Tétrapodomorphes, c'est à dire qu'il partage de nombreux caractères anatomiques avec les autres membres de ce groupe de vertébrés. L'être humain a donc hérité d'une partie du bagage génétique acquis par ces poissons qui vivaient dans l'estuaire de Miguasha… il y a 370 millions d'années.

Miguasha me fait m'interroger sur la phrase selon laquelle « né poussière, tu retourneras poussière. » Après cette visite, faire don de son corps à la mer me paraîtrait plus juste ! Rejoindre « Watsoni » et retourner vivre heureux comme un « épitostéze » dans l'eau, ne nous correspondrait-il pas mieux ? Ce serait un retour aux sources dans le milieu aquatique…

Miguasha, magnifique pointe de terre qui s'avance dans la baie des chaleurs, doit son nom au mot micmac « megoasag » qui signifie « roche rouge. » Il s'agit d'une allusion à la teinte rouge de conglomérat d'âge carbonifère recouvrant la formation d'Escuminac, de couleur grisâtre, composée de grés, de silt, et de schiste argileux, et qui renferme les fossiles. Miguasha, « un parc au cœur de la pierre », est un héritage à transmettre aux générations futures. « Pour quiconque sait vénérer la terre, Miguasha est un peu comme un de ces sites sacrés où les hommes primitifs plaçaient le siége des mythes et qu'ils n'osaient détruire, de peur que le grand ordre des choses n'en soit à jamais bouleversé. » Miguasha est comme une photo polaroïd, l'image a été prise et fixée il y a longtemps, mais ce n'est qu'aujourd'hui que nous la voyons apparaître.

Le 9 avril 1976 au 444 de la rue Giljoral à Montréal, jean Roussy s'est dit : je fais un château. Pendant sept longues années, il a entretenu seul cette idée en refoulant son rationnel qui lui aurait dit : c'est impossible. Le rêve a laissé à jean ses droits à la liberté. Il a plutôt projeté l'idée dans le futur, et il se voyait vivre dans ce château en dehors du temps : l'éternité dans le présent comme ceux qui s'imaginent « que l'on peut goûter dans une réalité le charme du songe. » C'est ainsi qu'il a acheté 200 hectares pour « sa terre à château. » Ensuite, lui est venu l'idée d'avoir une auberge le 27 juin 1979. En 1982, les neufs trous creusés reçoivent les troncs de cèdres. Ce fut la fondation de la première tour… Des amis Suisses, Australiens, Norvégiens, Français et Québécois viennent donner un coup de main.

Ce lieu me rappelle l'importance du choix pour réussir sa vie. « Chaque homme a éternellement à choisir, au cours de sa vie brève, entre l'espoir infatigable et la sage absence d'espérance, entre les délices du chaos et celles de la stabilité, entre le Titan et l'Olympien. A choisir entre eux, ou à réussir à les accorder un jour l'un à l'autre », comme l'a écrit Marguerite Yourcenar dans les mémoires d'Adrien. On a tous le droit de faire sa route, de faire son choix, de changer sa vie, d'oser dire non !

Juillet 1987, enfin le début de la troisième tour avec ses deux tourelles, sa porte, sa bibliothèque. La plus importante porte le nom de John Lennon. La salle à manger fait une place d'honneur aux soupers aux chandelles et bougies, et aux châteaux de France. Juillet 1988, l'échafaudage tombe et... la beauté vue de la tour John Lennon apparaît. Les vues du château Bahia dans le paysage de « l'été indien » ne demande aucun commentaire à ajouter. De la tour John Lennon, un spectacle s'ouvre à mes yeux, un spectacle que seuls les oiseaux pouvaient voir : l'été sur la baie des chaleurs, l'automne et ses couleurs... puis vient l'hiver où le château Bahia se repose. Ainsi a pris vie le rêve de Jean Roussy, où comment se construire... un Château au Canada !

A Pointe à la Garde, il y a la baie des chaleurs, et la chaleur du château Bahia. Je m'installe pour quelques jours pour partager l'atmosphère qui règne dans cette auberge. C'est une maison bleue accrochée à la colline... et non loin de là un château qui berce mon cœur d'un rêve québécois. En Gaspésie, Jean, Myra, et leurs hôtes restent attentifs aux choix. Ils viennent parfois à laisser venir les événements « qui sont écrits. » Mais avant tout ils partagent « les bons rêves. » Je me souviens. Je n'oublie pas. J'ai goûté prés de vous un peu de la vie !

En 1755, partant de Beaubassin, sept familles acadiennes durent quitter leur pays bravant la baie des chaleurs avec femmes et enfants, dont les cris et les pleurs déchirèrent l'Acadie. En 1755, laissant Beaubassin. Les Comeau, les Dugas, les Landry, les LeBlanc poussèrent à contrecœur leurs bateaux de malheur dans la brise du matin, affrontèrent le destin. Dérivées du large par un courant de pitié, leurs barques firent naufrage sur les côtes de Gaspé. Et ces hommes en exil combattirent pour donner à leur race en péril une terre à défricher. Depuis sur les rivages de la douce Gaspésie, Tracadiéche se souvient de la petite Tracadie. Dans la danse des vagues, autour de l'île aux hérons, le cri de la mouette inspire toujours la chanson. Tracadiéche, issu d'une appellation micmac qui veut dire « là où il y a des hérons », est le premier nom donné à la ville de Carleton. C'est là que viendront se réfugier les exilés acadiens fuyant le « grand dérangement. » En avril de 1750, les troupes anglaises débarquent à Beaubassin et signifient aux habitants que leurs terres et leurs maisons sont confisquées. C'est dans la panique et la consternation que toute l'Acadie s'embrase. L'année 1755 est terrible : à fort Beauséjour, le Lieutenant Lawrence donne l'ordre à ses habits rouges d'organiser des rafles et d'incendier tout signe d'occupation acadienne. Hommes, femmes et enfants sont traqués comme des bêtes. Séparées, puis embarquées de force, des familles entières sont déportées sur des rafiots anglais, pressés de mettre le cap sur la Virginie ou le Maryland. Dés lors la Gaspésie est perçue comme une terre d'accueil. Mais dans la tourmente qui suit la bataille de Ristigouche, en 1760, les Acadiens sont contraints de fuir à nouveau et de se cacher dans l'épaisse forêt gaspésienne. La nuit venue, ils prennent la mer sur des embarcations de fortune, en suivant les côtes, pour s'installer enfin le long de la rivière Bonaventure et des barachois de la baie des chaleurs. Bonaventure, les coups de canon n'y feront rien… tu résistes, et tu résistes encore. Au bord de ton rivage si des images d'un passé douloureux défilent devant mes yeux, le cri de la mouette m'envoie les chants, et les joies du peuple acadien renaissent… sur les rivages de la douce Gaspésie.

Sur les rivages de la douce Gaspésie, j'y rencontre monsieur Penouil et mademoiselle Gaspésie. Monsieur Penouil, dont le nom tiré de penouille signifie péninsule en langage basque, représente la vie typique gaspésienne. Il prend pour visage le corps d'un crabe, et pour mains et pieds les pinces d'un crabe. Il est vêtu d'un costume de pêcheur du 19ème siècle fabriqué de voiles de bateaux, et me salue d'un signe de son « Sawest », ou chapeau. Mademoiselle Gaspésie vient tenir compagnie à monsieur Penouil. Vêtue d'une jupe et d'une blouse blanche typique acadienne, pour nous rappeler l'installation des acadiens ici en 1755. La jupe de couleur mi-bleue, mi-verte, représente les deux plus importantes richesses naturelles de Carleton, soit la mer et la forêt. Le boléro noir est de descendance française et servait à l'époque de tablier pour protéger la blouse lors de la cuisine. Le bonnet d'origine jerseyenne représente les Anglais qui se sont installés en Gaspésie. Avec un peu de chance mademoiselle Gaspésie deviendra… madame Penouil !

O'Gaspésie, mon amour

Les couchers de soleil sur la Gaspésie écrivent le futur du rêve québécois, fier de son passé glorieux, sûr de son avenir.

Je me dirige vers Cap aux os, et au bout du monde… Cap aux os est un squelette bien agréable. Des gens heureux et très agréables, vous donnent envie de rester. Gilles me fait partager son amour des phoques, des castors, et des ours dans le parc Forillon, Cléo celui du monde sous-marin et des naturalistes dans le Golfe Saint-Laurent. Maya, Sigrinne, Corinne, Monique, et les autres… me donnent envie de rester. C'est un petit paradis sur terre, loin du stress des villes et de la pollution. Comme les étoiles, les anges de la mer se perdent dans l'infini océan. Cap Gaspé, je suis au bout de la terre, à la pointe Est du Québec, vers la pointe Est du Canada. « Là où la terre finit », le Golfe du Saint-Laurent s'étend à perte de vue. Je suis au bout du monde ! Je reste sans voix. Je ressens l'émerveillement d'un enfant. J'enregistre dans ma mémoire visuelle. Je prends la vie, le temps… le temps de la vie. Je mors la vie, avant que la vie ne me morde. Le Cap Gaspé termine la longue pointe du parc de Forillon qui s'avance dans le Golfe du Saint-Laurent. De cet endroit, j'observe les baleines, elles soufflent… elles soufflent ! J'y vois les fous de Bassan du rocher Percé et de l'île Bonaventure, ils plongent… et replongent ! J'aperçois les phoques gris, la tête hors de l'eau, ils nagent encore… et encore ! Au phare de Gaspé, je remonte le temps. Vu depuis la mer, le profil du Cap Gaspé évoque une imposante proue de navire. Un navire qui se fait amant de la mer. La mer tantôt calme, tantôt furieuse. La mer n'en finit pas de changer de visage, au gré des vents, des vagues, des marées. Et selon les humeurs, elle modifie aussi l'aspect des rivages. Certains jours paisibles, les cailloux sont à peine remués. Mais quand elle se déchaîne, soulevée par la houle de tempêtes et les fortes marées, elle se rue sur la grève avec une force incroyable. Jour après jour, combinant à divers degrés leur influence, vagues et marées remanient le bas de la plage en y triant les cailloux selon leur grosseur. Je saisis l'instant !

En Gaspésie, on trouve de tout... même un ami ! Éric me fait faire une tournée gaspésienne dans le parc de Forillon, à l'occasion d'un jour anniversaire, ce 23 juillet. Solitaire dans un coin de la planète, jour anniversaire, on aime que quelqu'un pense à vous en ce jour. « Joyeux anniversaire ! » Éric saisis la vie avant qu'elle ne te saisisse. Saisis « la chance... » « Chantons, chantons en ce beau jour, ta Gaspésie et tes amours. Chantons, chantons en ce beau jour, ton vieux Québec et nos amours. Chantons en ce beau jour, ton Québec futur, ta belle Gaspésie et tes amours pour qu'ils durent toujours... » Je pars d'ici difficilement, sur la pointe des pieds, pour ne pas déranger ce havre de silence, où les animaux et la forêt sont mariés, les ours et les castors, les baleines immenses. J'avais rêvé du Québec. Je trouve encore dans ce voyage un havre de paix, de calme et de sérénité, un coin de paradis. Cap aux os, un petit coin de Paradis ! Ne le répétez pas des fois que cela finisse par se savoir... On ne dit mot de ce que l'on chérit. Je me souviens. Je n'oublie pas. J'ai goûté prés de vous un peu de la vie !

O'Gaspésie, tu éveilles tous mes sens. Tes couchers de soleil embrasent mon rêve québécois. Tes soleils du matin éclairent le chemin de ma légende personnelle. Je suis chanceux.

26 juillet, Sainte Anne, toi patronne des marins, ne vois-tu rien venir ! Je viens m'échouer à Sainte-Anne des

Monts, en Haute-Gaspésie, la forêt s'ouvre à moi entre ciel et mer… Mont Albert, Mont Lyall. Le Parc de la Gaspésie est un océan de montagnes et un panorama surprenant. Ici, la dentelle de la terre prend parfois la forme d'une fougère très rare qui coule dans un ravin au flanc d'une montagne encore sauvage, enrobée du silence impressionnant d'un grandiose paysage vert qui émerge d'un rideau de brume. Là, la dentelle de la terre, lorsqu'elle rencontre une cascade, la métamorphose en un ruisseau rose d'arctiques épilobes. C'est la vie insufflée dans des pans de rochers figés depuis des siècles. La lumière, l'eau, les animaux, et la pureté de l'air me donnent une impression de paix, et en même temps, de profonde tristesse, car j'ai le sentiment que c'est l'un des derniers paysages sauvages. Comme si la nature par sa beauté, me donnait un avertissement : « il faut être capable de redécouvrir les choses qu'on a oubliées parce qu'elles ont été trop exploitées. » « L'ombre de l'épervier » rôde sur le décor gaspésien. L'été, l'automne, les jours de brume, les jours de mer calme, chaque fois c'est un paysage différent. Je suis à l'écoute pour apprécier les plaisirs subtils de la tranquillité que m'offrent ces paysages.

O'Gaspésie, de la baie des chaleurs au parc de Forillon, du Cap Gaspé au parc de la Gaspésie, c'est comme si Noé avait échoué ici avec son arche au milieu d'une flore qui ajoute ses notes de parfums et de couleurs dans un coin du tableau : orignaux, caribous, écureuils, lapins, ours, renards, homards, saumons, crevettes, morues, flétans, oursins, phoques, castors, baleines… Le plus fabuleux des spectacles, c'est la nature qui le met en scène. La dentelle de la terre prend, aussi parfois, la forme d'une auberge posée au flanc « d'un océan de montagnes » enrobée de confort et d'hospitalité. C'est en compagnie d'Isabelle, Marie-Eve et Francis qu'un souper « majestueux », m'attend à l'Echouerie, aux accents maritimes sur fond de coucher de soleil. Autour d'un feu de camp, sur la plage, Pauline, Priscille, Nicole, Rachel et Denise m'invitent à chanter en leur compagnie au rythme des guitares. Ainsi se succèdent des chansons de feu de camp, de vieilles chansons québécoises, mais aussi de vieilles chansons françaises. Je vis ces instants comme un rituel autour d'un « Totem québécois. »

J'avais rêvé du Québec. Je trouve encore dans ce voyage un havre de paix, de calme et de sérénité, un coin de paradis. Sainte-Anne des Monts, un petit coin de Paradis ! Ne le répétez pas des fois que cela finisse par se savoir... On ne dit mot de ce que l'on chérit. Je me souviens. Je n'oublie pas. J'ai goûté, en votre compagnie, un peu de la vie !

Non loin de là, tous les 15 août marquent une journée spéciale dans le cœur de celles et de ceux qui vibrent à l'Acadie. Tout le monde participe au tintamarre. C'est une scène assez mémorable. Chacun s'en donne à cœur joie et fait du bruit tant qu'il peut. Acadie, toi qui restes en quête des meilleurs représentants pour la défense de ton histoire, de ta culture, de ton combat, bref de ta cause ! Acadie, toi qui est à la poursuite de la vie, et de la Liberté, à la poursuite du bonheur ! Acadie, toi qui cherche simplement à écrire « ton Avenir... » « Chez nous en Acadie, la fête est celle d'un peuple dont le cœur déborde de joie. Le 15 août nous appartient. Ce jour là nous sommes tous égaux, fraternisant dans de rocambolesques tintamarres, nous faisons fi des misères du passé et des embûches que nous réserve l'avenir. Nous oublions tous les embêtements de la vie pour dire à la face du monde notre joie d'être un peuple bien vivant ! » La fête de l'Acadie évoque en moi l'image du violoncelliste qui, en dépit des bombardements sur Sarajevo, s'obstinait à jouer de son instrument dans la rue, parce qu'il refusait la folie guerrière qui veut effacer les peuples de la terre. Acadie, tes soleils des matins calmes adoucissent tes cicatrices, tes couchers de soleil embrasent ton futur. O'Acadie, fier de ton histoire et de ta culture, sûr de ton avenir, les joies succèdent à l'épreuve.

Je me souviens, je n'oublie pas

La guerre est aussi vieille que l'histoire. Il y a plus de deux mille ans, Hérodote écrivait : « En temps de paix, les fils enterrent leur père ; en temps de guerre, les pères enterrent leurs fils. » Plus prés de nous, Lester B. Pearson, sachons garder en notre mémoire, à quelque niveau de décision que nous soyons, ses quelques mots : « L'incompréhension qui vient de l'ignorance engendre la peur, et la peur demeure le plus grand ennemi de la paix. »

Le 28 mai 2000, Canadiennes et Canadiens étaient ensemble réunis afin d'ensevelir le fils de quelqu'un. Etait-il un MacPherson, un Chartrand ou un Morissette, Kaminski ou Swiftarrow ? Etait-il père lui-même ? Avait-il vraiment commencé à vivre sa vie ? Nul ne sait. Jamais personne ne le saura. Jamais personne ne le connaîtra. Les Canadiens ont honoré une chose si difficile à accepter : que quelqu'un meurt en faisant son devoir. La fin de tout un futur, la mort de ses rêves. Ils étaient redevables à ceux qui étaient disposés à se sacrifier et qui ont donné leur jeunesse et leur futur pour qu'ils puissent vivre en paix. Leur vie fut la rançon qu'ils payèrent pour qu'eux, eux vivent. C'est une chose terrifiante pour nous, êtres humains, de penser que nous pouvons mourir sans que personne ne le sache et ne puisse inscrire sur une pierre tombale d'où nous venions, quand nous sommes nés et quand précisément nous sommes morts. En rendant hommage, ce 28 mai 2000, à ce soldat inconnu, par cette cérémonie funéraire et cet enterrement, les Canadiennes et les Canadiens ont accepté de vivre avec le fait même de l'anonymat et ont dit que parce qu'ils ne le connaissaient pas et ne savaient pas ce qu'il aurait pu devenir, il est devenu plus qu'une dépouille, plus qu'une seule tombe. Il s'est transformé en idéal, en symbole de tout sacrifice. Il est tous les soldats de toutes les guerres dans lesquelles le Canada est engagé. Quels que soient les rêves qu'ils aient, ils étaient partagés dans une certaine mesure par cet homme dont ils ignorent seulement le nom, mais que tous les Canadiens reconnaissent, dans leur cœur, par toutes les vertus qu'ils respectent : le dévouement, l'honneur, le courage et l'engagement.

Nous pouvons maintenant comprendre ce qui a été écrit en 1916 par le major Talbot Papineau, petit-fils de Louis-Joseph Papineau, qui fut tué deux ans plus tard : « Leur sacrifice sera-t-il vain ou ne cimentera-t-il pas les fondations d'une vraie nation canadienne, une nation canadienne indépendante de pensée, indépendante d'action, indépendante même dans son organisation politique – mais unie en esprit, partageant les mêmes buts humanitaires et de hautes visées internationales. » Ce soldat inconnu n'a pas été capable de vivre les longues années qui auraient dû être siennes pour contribuer à son pays. Mais en se donnant entièrement à son devoir, à son engagement, à son amour et à son honneur, il est devenu une partie des Canadiennes et des Canadiens pour toujours. Et eux, Canadiennes et Canadiens sont aussi une partie de lui.

Je me souviens que le Canada a joué un rôle non négligeable comme allié de la France. Sa contribution au chapitre des hommes, des ressources et de l'équipement a été considérable : la bataille de la crête de Vimy, Dieppe, le débarquement de Sicile et la campagne d'Italie, puis le débarquement en Normandie en témoignent. Alors que les Etats-Unis ne participeront aux combats qu'en 1917-1918, et qu'à partir de décembre 1941, après l'attaque de Pearl Harbor, les Canadiens se portent à la défense de la France et de l'Europe dés le début des hostilités. Le Canada a déclaré la guerre contre l'Allemagne nazie le 10 septembre

1939. Pour la première guerre mondiale de 1914-1918, on n'échappe pas aux chiffres : population canadienne en 1914 : 7 879 000 habitants ; soldats envoyés en Europe : 649 000 ; soldats tués : 61 625. En proportion plus de perte que les Etats-Unis. Quant à la deuxième guerre mondiale, elle a aussi son lot de chiffres étonnants, quasi incroyables. Population canadienne en 1939 : 11 267 000 habitants ; soldats envoyés en Europe : 650 000 – une des plus grandes armées sur le terrain ; soldats tués : 42 000. Mais cette guerre est très différente de la première. Des centaines de milliers de Canadiens se portent volontaires. L'enjeu est de niveau international. Il s'agit du combat entre la Liberté et les totalitarismes. C'est la Démocratie contre le fascisme.

C'est le sergent Théodore Dugas, un Acadien engagé dans la guerre de 1914-1918 avec le régiment canadien. Ce sont Joseph A. Cyr, Alfred H. Boliveau, Aimé A. Léger, trois officiers acadiens engagés dans le Royal Flying Corps comme aviateurs en 1917. C'est l'engagement du 165ème Bataillon d'outremer de l'armée canadienne pendant la première guerre mondiale. C'est l'engagement du 22ème Régiment Royal canadien lors de la deuxième guerre mondiale. Oui, je me souviens.

Dans les Flandres, Vimy, modèle de courage et de sacrifice, et jalon important dans le développement du Canada, la prise de la crête de Vimy représente un fait d'arme exemplaire. Je me souviens de ces jeunes gens venus mourir dans les tranchées françaises « sans rien à défendre, ni terre, ni famille, ni patrie, mais l'honneur abstrait d'une couronne et, avant toute chose, une conception du droit aussi généreuse qu'elle était peut-être démodée. » Derrière la colline leur avenir les attendait. Les destins ont comblé son vide. Pour eux, dans la Somme, à Vimy, il n'y avait rien à gagner, sinon des rêves jamais rêvés, des vies jamais dites. Oui, je me souviens. Je n'oublie pas. Pour ma Liberté, pour ma Démocratie, des gars venus du Canada, du Québec, de l'Acadie, ou de l'Ontario, qui se foutaient pas mal de moi, sont venus à Vimy mourir dans les tranchées françaises, puis de nouveau, d'autres sont venus sur la plage de Juno mourir en Normandie, alors que je n'y étais pas. Ils avaient vingt ans. Ils n'auraient laissé personne dire que c'était le plus bel âge de leur vie.

O'Canada ! Ton front est ceint de fleurons glorieux ! Car ton bras sait porter l'épée, il sait porter l'épée, il sait porter la croix !

Fils de Montcalm et de Châteauguay, pour la Liberté de l'Europe, pour la Liberté de la France, pour ma Liberté, je me souviens. Je n'oublie pas.

Sur mes cahiers d'écoliers, j'écris ton nom Canada.
Sur le sable et sur la neige, j'écris ton nom Québec.
Sur mon pupitre et sur les arbres, j'écris ton nom Acadie.

Oui, je me souviens. Je garde au fond de mon âme, pour toujours, ce goût de vivre en Liberté, ce goût de vivre en Démocratie. Je sais à qui je le dois. Je n'oublie pas. Jamais, je n'oublierais.

Le 21ème siècle est porteur de nombreuses promesses et menaces pour l'humanité. Même s'il est impossible de prédire comment évolueront la paix et la sécurité internationale au cours du prochain millénaire, je crois une chose comme certaine : le Canada assumera plus que jamais un rôle déterminant dans les efforts internationaux visant à établir une sécurité et une paix durables pour l'humanité tout entière. Mais si les vieux démons réapparaissaient, et si la situation de nouveau l'exige, je crois une chose comme certaine : les Canadiennes et les Canadiens, les Québécoises et Québécois, les Acadiennes et Acadiens, se porteront volontaires pour la défense de la Liberté et de la Démocratie.

Une certaine idée du Québec

Entre « cousins » et « amis », entre Québécois et « maudits Français », entre Français et Québécois, on se dit tout ! J'avais rêvé du Canada. Je me suis fait une certaine idée du Québec, « ma certaine idée du Québec. » Dans la galerie de l'Histoire, écrivait Alexis de Tocqueville, il y a beaucoup de copies et peu d'originaux. A l'issue de ce voyage, je suis de ceux qui pensent, que Wilfried Laurier, le Canadien qui a dit non, Lester B. Pearson, l'humaniste défenseur du bilinguisme, et Pierre Elliot Trudeau, le politicien défenseur du multiculturalisme, façonnent à eux trois « une certaine idée du Canada », mais aussi « une certaine idée du Québec. »

Mais pour immigrer au Québec, il faut en partager l'Histoire, accepter de façonner « en commun » les rêves, et en accepter l'optimisme comme la face cachée, tous les deux d'un même front. Un pays chargé d'histoire faite d'adaptation et de tolérance. Où chacun s'enrichit de ses différences et tente de s'y adapter.

Le pays rêvé c'est le Québec. Mais qu'est-ce qui m'étrangle dans mon pays, quel poids pèse sur mes épaules, comment vais-je m'enraciner ici ? J'appartiens à un pays que j'ai quitté, je ne peux m'empêcher qu'à cette heure si épanouisse au soleil toute une vie. A l'aide de silence et de solitude, de moments de méditation, je revisite dans ma mémoire l'atmosphère dans laquelle a baigné mon enfance, ses lieux familiers, me souviens d'un professeur aimé, ou du paysage de mes premiers émois. Quelque part au monde pourrais-je revivre une à une les émotions de mon enfance, pratiquer un métier qui me permettra de dire haut et fort les étranglements que j'ai subis et surtout les fulgurances qui m'en ont libéré ? Je suis venu au Canada : le pays rêvé. J'avais rêvé du Canada. Le Québec s'est fait attrapeur de rêves ! J'ai vécu dans ce voyage des « percées libératrices » qui laisse place à la nature, à la fête, à l'amitié, à l'amour.

A Montréal, dans « la belle province », 20 cœurs battent à l'unisson juste un petit air d'été, vainqueur…

« Donnes moi ta bouche
Voyons n'est pas peur de moi
Voyons n'est pas peur
Laisses moi t'aimer
Laisses moi t'embrasser

Ecoutes moi bien
Donnes moi ta bouche
Tu n'as pas de cœur crois-moi
Tu n'as pas de cœur
Tu ne vas pas tout gâcher pour un seul baiser […] »

(Extrait de *Donne moi ta bouche*
G. Stephens/L.D. Reed)

Je respire à pleins poumons.

Alors, monte en moi le curieux sentiment que je suis peut-être en train de trouver un « Nouveau Pays. » Peut-être ! A un moment donné, en allant quelque part on a l'impression d'avoir toujours vécu là. Des senteurs, des odeurs, des images, que l'on a quitté la veille. Pour peu qu'un jour finalement, on trouve le pays rêvé ! Car l'envie d'aller vieillir en terre natale, ou de repartir ailleurs n'est-il pas un peu toujours là ?

Montréal-Dorval, je reprends le chemin des vaillants pilotes du Ferry Command de la Royal Air Force qui au péril de leur vie établirent un pont aérien vers le Royaume-Uni et contribuèrent ainsi à la victoire finale pour la libération de la France et de l'Europe.

Je respire à pleins poumons. Alors mon cœur bat à l'unisson du Québec !

J'ai deux amours : mon pays et le Québec.

O'Québec !
C'est comme la première neige et le premier printemps.
C'est comme la première fois.
Je te dis au revoir les yeux tout trempés.
Je suis venu à toi par tout un jour de patience.
O'Acadie, je te dis au revoir les yeux tout trempés.
O'Gaspésie, je te dis au revoir les yeux tout trempés.
O'Québec, je te dis au revoir les yeux tout trempés.

O'Québec !
Depuis que je t'ai quitté,
Y a comme un trou dans ma vie.
Je suis parti vers un autre pays,
Au large de nos vies.

Puis ce que tu sais le temps qu'il m'a fallu
pour venir jusqu'à ta porte.
Ne me tiens pas rigueur.
Je reviendrais en Acadie.
Je reviendrais en Gaspésie.

O'Québec, mon amour !
Depuis que je t'ai quitté,
Y a comme un trou dans ma vie.
Je reviendrais à toi par tout un jour de patience.
Je te dirais bonjour les yeux tout trempés.
J'irais revoir Québec et Montréal.
Je reviendrais au Québec.
Je reviendrais au Canada !

C@rnet NetQuébec

Mes sites « Coups de Cœur »

Cliquez, p@rtez !

La toile est aujourd'hui devenue un outil incontournable pour préparer ses voyages, de la recherche d'informations sur une destination à l'achat de billets d'avion ou d'un séjour.

Dans le concept du @Tourisme, l'Internet du voyage, le NetVoyage est aujourd'hui une source d'information complémentaire aux guides de voyages et autres supports papier d'informations touristiques.

J'ai ainsi choisi de privilégier quelques « Coups de cœur », dans une liste non exhaustive, qui ont accompagnés ma décision de départ (Avant), mon carnet de route (Pendant), et le plaisir de poursuivre ce voyage au retour (Après).

Les voyagistes et guides de voyages avec leurs propres sources d'informations (vols secs, ou séjours organisés) restent toutefois disponibles au choix de chacune et chacun d'entres-vous sur Internet, ou à votre porte en agence, pour partir vers cette destination.

* * *

Les comparateurs de voyage, sont de véritables outils de recherche spécialisés dans les requêtes sur :
www.kelkoo.com
www.voyagermoinscher.com
http://fr.sprice.com
www.wegolo.com
www.easyvoyage.com
www.fr.mobissimo.com
www.illicotravel.com
www.zenvoyages.com
www.ciao.fr

S'informer sur les destinations, et brochures consultables en ligne sur :
www.lepetitfute.com
www.lonelyplanet.fr
www.routard.com
www.Canada.travel/anp
www.brochuresenligne.com
www.compagniesdumonde.com
www.maisonameriques.com

Quand le « bouche à oreille » sert de guide pour les @touristes sur :
www.abm.fr
www.culture-aventure.fr
www.zango.fr
www.voyageforum.com
www.monvoyageur.com
www.blogs-de-voyage.fr
www.voyagerplusloin.com
www.roadbookmedia.com
www.coxoon.com

Bons plans sur :
www.flyzoom.com
www.airtransat.com
www.airfrance.fr
www.clubmed.fr
http://encheres.nouvelles-frontieres.fr/nf/
www.voyageprive.com

La sécurité et le confort des vols aériens sur :
www.air-valid.com

Le portail d'assurances des professionnels du tourisme, et des Ambassades :
www.tmscontact.com
Une société d'April Group (TMS Emeraude et Expatriation), spécialiste de l'assurance dans le domaine du tourisme, et de l'expatriation. TMS Contact : Où il faut. Quand il faut.

Convertisseur de monnaies pour voyageurs :
www.oanda.com

* * *

www.quebec400.qc.ca
Société du 400e anniversaire de Québec.
La programmation du 400e anniversaire de Québec prend graduellement forme. Alors restez à l'écoute !
En 2008, allez à La Rencontre du Québec.
De janvier à octobre 2008, les célébrations seront placées sous le signe de La Rencontre, un thème qui souligne le rôle historique et actuel de Québec comme lieu d'échanges entre les peuples et les cultures, avec des moments forts comme :

- le spectacle d'ouverture dans la nuit du 1er janvier 2008, un événement musical et multimédia qui réunira plusieurs grands noms de la scène internationale ;

- les quatre jours de festivités entourant le 3 juillet, date anniversaire de la fondation de Québec par Samuel de Champlain en 1608, incluant l'Opéra urbain qui mettra en relief la ville de Québec et la participation de tous ses habitants et des visiteurs ;
- le spectacle de clôture qui se déroulera lors du Sommet de la Francophonie à Québec en octobre 2008 ;
- l'implication de la Nation huronne – wendat…

www.carnetjpr.com
« Je vais préparer, à la demande du Président de la République, Jacques Chirac, la participation de la France à la célébration du 400e anniversaire de la fondation de Québec. En 2008, pour cette célébration, nos projets sont multiples.
Je vous tiendrai régulièrement au courant. »

Jean-Pierre Raffarin

www.fr.wikipedia.org/wiki/Québec
Québec – Wikipédia

www.canada-travel
Le guide touristique officiel du Canada

www.agendaquebec.ca
Agenda Québec. Site des principaux événements du Québec.

www.festivals.qc.ca
Festivals et Événements au Québec

Présente les spécificités régionales, pratiques culturelles, produits agricoles, activités sportives, ressources naturelles, métiers, histoires, fêtes et festivals.

http://festival-conte.qc.ca/mailing.htm
Festival Interculturel du Conte du Québec
info@festival-conte.qc.ca
6742, rue Saint-Denis – Montréal, Québec H2S 2S2

www.festivalacadien.ca
Festival acadien de Caraquet
Programmes, concours et expositions de la manifestation pour célébrer l'héritage et la vitalité de la culture acadienne. Nouveau-Brunswick, Canada.

www.toile.com
La Toile du Québec – Le répertoire des sites web québécois.
Recherche de sites par thèmes, liens, et divers guides.

www.bonjourquebec.com
Le site touristique officiel du gouvernement du Québec vous offre un panorama des principaux attraits, manifestations et activités touristiques du Québec.

www.quebecvacances.com
Source reconnue pour trouver de l'information touristique, des forfaits, et des photos sur les établissements hôteliers les plus réputés du Québec.

www.keroul.qc.ca
Le Québec accessible. L'outil essentiel pour les personnes à capacité physique restreinte.

www.liensutiles.org/villesquebec.htm
Villes et villages du Québec… Les 20 régions touristiques du Québec.

www.ville.caraquet.nb.ca/CaraquetCapitaleCulturelle.cfm
Le 8 mai 2003, Caraquet recevait de Patrimoine canadien la distinction de « Capitale culturelle du Canada – 2003. »

www.montrealplus.ca/tourisme
Ville de Montréal. Informations touristiques.

www.ville.quebec.qc.ca
Ville de Québec. Site officiel des informations sur les activités, événements culturels, politique municipale, services aux citoyens, lieux touristiques.

www.quebecregion.com
La région de Québec – Québec City & Area
Les moteurs de recherche contiennent des informations qui permettent de bien planifier un séjour à Québec. Cartes, index, liens, contact.

www.vieauquebec.com
Immigration et vivre au Canada – Québec
Immigration Canada, ville de Montréal, billet avion Montréal, immigrer au canada, immigrer au Québec, immigration canada, adaptation, Canada, Québec.

www.immigration-quebec.gouv.qc.ca
Évaluez en ligne vos chances d'être sélectionné par le Québec – Apprendre le Québec – Guide pour réussir mon intégration.

www.emploiquebec.net
Agence gouvernementale offrant aux individus et aux employeurs des services en insertion professionnelle ainsi qu'en maintien, stabilisation et création.

www.immigrer-au-quebec.com
Immigrer au Québec, toutes les informations utiles.
Destiné à aider les immigrants francophones mais aussi anglophones à immigrer au Québec. Informations sur le visa, le calcul des points, l'emploi, le CV.

www.mri.gouv.qc.ca/paris
Délégation générale du Québec à Paris (France)
Représentation du gouvernement du Québec en France. Toutes les informations utiles pour immigrer, étudier, visiter, faire affaire au Québec.

www.gouv.qc.ca
Portail Québec, votre porte d'entrée au gouvernement du Québec : tout sur les services en ligne et les programmes gouvernementaux.

www.canada-culture.org
Centre Culturel Canadien
5, rue de Constantine 75007 Paris

www.dfait-maeci.gc.ca/canada-europa/france
Ambassade du Canada – Paris, France

www.dfait-maeci.gc.ca/canada-europa/france/visas
Visas et Immigration
Le PVT offre la possibilité de découvrir le Canada, d'y faire du tourisme pendant plusieurs mois et d'y trouver un emploi.

www.diplomatie.gouv.fr
Site du ministère français des Affaires étrangères. Organisation et actualité de l'action de la France dans le monde. Les Français et l'étranger – Conseils aux voyageurs

www.consulfrance-quebec.org
Consulat de France à Québec

www.ambafrance-ca.org
La France au Canada

www.ambafrance-ca.org/article
13-10-2006 L'Ambassade de France est heureuse de s'associer au département... au Canada et au Mexique, valorisant le courage et l'innovation dont elles ont...
1960 – 1998 : Chronologie des visites des Présidents de la République et des Premiers ministres français au Canada de 1960 à 1998
Voir aussi :
- Dossier France-Canada et France-Québec sur France Diplomatie
- Toutes les déclarations officielles depuis 1990

www.librairieduquebec.fr
Pour les amoureux de la Belle Province, une vaste sélection d'ouvrages touchant tous les sujets.

www.silq.org
Salon international du livre de Québec

www.toile.com/guides/arts_et_culture/livres
Guide Livres – La Toile du Québec

www.toile.com/quebec/Arts_et_culture/Edition_et_litterature/Evenements/Salon_du_livre
Salon du livre de Rimouski, Salon du livre du Saguenay-Lac-Saint-Jean, Salon du livre de Trois-Rivières, Salon international du livre de Québec.

www.geomagazine.fr
Géo-Histoire – Hors série
Du Québec en Louisiane
Sur les traces des français d'Amérique

www.amazon.fr
Maurice Vaïsse
Les relations internationales depuis 1945
Politique étrangère du Général de Gaulle (1958-1969)
La Grandeur

www.fondationcharlesdegaulle.org
Fondation et Institut Charles de Gaulle
5, rue de Solférino 75007 Paris
L'HOMME – Les voyages à l'étranger
De Gaulle et le Québec – 23 juillet 1967
Revue : *L'Espoir*
Cahiers d'histoire du Québec au XXe siècle

www.charles-de-gaulle.org
Tout sur Charles de Gaulle par la Fondation et l'Institut. Biographie, actualités, lieux de mémoire, réseau de chercheurs.
L'HOMME – Discours
3. Le Président de la Cinquième République
(1959-1969)
Discours de Montréal, 24 juillet 1967
DE GAULLE ET SON TEMPS
La France dans le Monde – Les voyages du Général de Gaulle à l'étranger – De Gaulle et le Québec

« Vive le Québec libre ! » est l'une des phrases du Général que tout le monde connaît. [...] Le chef de l'État fait une mise au point au Conseil des ministres du 31 juillet : il ne s'agit pas de nier la souveraineté du Canada sur l'ensemble de son territoire, mais d'aider les Québécois que des liens historiques attachent à la France. [...] Le Général de Gaulle, si respectueux du principe de non-ingérence, ne l'était pas moins du droit des peuples à disposer d'eux-mêmes ; c'est dans cet esprit qu'il faut entendre le discours du balcon, c'est-à-dire aider les Québécois à faire respecter leur spécificité dans l'ensemble anglo-saxon.

www.ofqj.org (Office franco-québécois pour la jeunesse)
Vous avez entre 18 et 35 ans et vous rêvez de partir au Québec ? L'OFQJ vous accompagne dans la réussite de votre projet !

www.france-quebec.asso.fr
L'Association désire faire connaître la France au Québec, et le Québec en France, et participer au développement de l'amitié et de la coopération entre les deux peuples.

www.quebecfrance.qc.ca
Association ayant pour but de promouvoir l'amitié et la coopération entre le peuple québécois et le peuple français.

www.lesamitiesacadiennes
A La Rencontre des Acadiens en France, Belle-île en mer, Châtellerault...

http://flfa.free.fr
http://www.culture.gouv.fr/culture/nllefce/fr/rep_ress
Association France – Louisiane, Franco – Américanie

www.selectionrestaurant.com
Cuisine québécoise, acadienne, canadienne, cajun…

www.saveursdumonde.net
Recettes du Québec sur Saveurs du Monde
Recettes du Québec au sirop d'érable, mais aussi des Cajuns de Lafayette, comme le Jambalaya.

C@rnet NetHébergement au Québec et ailleurs…

Mes sites « Coups de Cœur »

Mes « coups de cœur » d'hébergements sur mon chemin québécois, pour aider les jeunes, et moins jeunes, sur un des chemins de dialogue des cultures, pour les encourager à aller à La Rencontre des Québécoises et des Québécois, à mieux connaître les peuples, les lieux et les cultures du Québec, sur les pas des français du Canada au Nouveau-Brunswick, des racines du Canada en Ontario, voire à prolonger votre voyage sur les traces des Français d'Amérique en Louisiane, et en Nouvelle-Orléans, aux Etats-Unis.

www.greyhound.com
Découvrir l'Amérique du Nord en Autobus
www.greyhound.ca (ou 1.800.661 TRIP (8747)
www.viacampus.ca (VIA Rail Canada)
www.hostelworld.com
www.backpackers.com
www.hostelz.com
www.hostels.com
www.fuaj.com
Hébergements bon marché à travers le Monde
www.hihostels.ca
Toutes les auberges de jeunesse au Canada
Toutes les auberges de jeunesse au Québec
www.gaspesie.net
Auberges en Gaspésie

www.cisq.org/reseauhostelling.html
Hostelling Québec – Bienvenue chez nous !
Hostelling International c'est près de 4 500 auberges
www.tourismejeunesse.org/fr/communiques
Représente Hostelling International au Québec.
info@hostellingmontreal.com
Auberge de Montréal (ouverte toute l'année)
Une auberge pour rendre votre séjour des plus complet. Montréal, au centre de l'action, vous propose des événements sportifs et culturels. Les rassemblements, tels que celui de la saint Jean ou le festival du jazz, illustrent la capacité des Québécois d'être ensemble au-delà de la langue et des origines. C'est grâce à une forme de convivialité qui est l'expression d'un des traits distinctifs de cette culture québécoise.
1030, rue Mackay – Montréal (Québec), H3G 2H1
Tel. : (514) 843-3317
Fax : (514) 934-3251
Sans frais Amérique du Nord : 1 866 843-3317

reservation@hostellingquebec.com
Auberge internationale de Québec (ouverte toute l'année)
« Le fleuve est un chemin qui marche ! » C'est ainsi que les Amérindiens appelaient le fleuve Saint-Laurent. Vous emprunterez le chemin du Roy de Montréal à Québec, sur les pas de Jacques Cartier ou du Général de Gaulle, ou tout simplement vous viendrez mouiller l'ancre à Québec, comme Samuel de Champlain en ce 22 juin 1608.

Trois-rivieres@auberge-hi.ca
Auberge internationale de Trois-Rivières
(Auberge ouverte toute l'année)
A l'auberge La Flottille, c'est tranquille. Un air de romantisme et une atmosphère de poésie montent du fleuve Saint-Laurent.

info@aubegerdl.ca
Auberge internationale de Rivière–du–Loup
(Auberge ouverte toute l'année)
Un panorama à vous couper le souffle, un accueil et une ambiance chaleureuse, où « la pionnière » et le rodéo vous attendent.

www.bbcanada.com/association/newbrunswick
www.bbcanada.com/new_brunswick
Bed and Breakfast au Canada, au New Brunswick.

http://new.brunswick.net
Hôtel Le Praga – Edmundston
Skyline Motel – Fredericton

rosaryhall@yahoo.ca
Auberge internationale de Fredericton
(Auberge ouverte toute l'année)

http://www.maisontouristiquedugas.ca
Caraquet – La Maison Touristique Dugas
Auprès des familles Dugas et Landry, vous goûterez un peu de la vie « acadienne. » Alors, l'amour du sol acadien entrera dans votre cœur. A l'issue de ce séjour de l'innocence et du bonheur passé en Acadie, vous aurez deux amours : votre pays et l'Acadie.

Caraquet, New Brunswick
La Maison Touristique Dugas
683 boul. St-Pierre ouest
Caraquet, New Brunswick – E1W 1A1
Téléphone : (506) 727-3195
(Numéro sans frais) Téléphone : (866) 727-3195
Télécopieur : (506) 727-3193

auchaba@globetrotter.net
Pointe–à–la-Garde (Auberge de Château Bahia)
(Auberge ouverte toute l'année)
C'est une maison bleue accrochée à la colline et non loin de là, un château qui berce votre cœur d'un rêve québécois.
Savourez les crêpes au sirop d'érable au petit déjeuner. Puis partez à la découverte du Parc de Miguasha.
De la baie des chaleurs au parc de Forillon, du Cap Gaspé au parc de la Gaspésie, c'est comme si Noé avait échoué ici avec son arche au milieu d'une flore qui ajoute ses notes de parfums et de couleurs dans le coin du tableau : orignaux, caribous, écureuils, lapins, ours, renards, homards, saumons, crevettes, morues, flétans, oursins, phoques, castors, baleines… En Gaspésie, le plus fabuleux des spectacles, c'est la nature qui le met en scène.

www.hostelz.com/l/fr/hostels/Canada/Gaspe
aujecao@globetrotter.net
Cap-aux-Os (Auberge Internationale de Forillon)
(ouverture de mai à novembre)
Cap aux os est au bout du monde. Cap aux os est un squelette bien agréable. Des gens heureux, et très agréables, vous donnent envie de rester. C'est un petit paradis sur terre, loin du stress des villes et de la pollution. Vous partirez d'ici difficilement, sur la pointe des pieds, pour ne pas déranger ce havre de silence, où les animaux et la forêt sont mariés, les ours et les castors, les baleines immenses. Cap aux os, un petit coin de Paradis ! Ne le répétez pas des fois que cela finisse par se savoir… On ne dit mot de ce que l'on chérit. Sauf, exception !

www.aubergesgaspesie.com
info@aubergefestive.com
Sainte-Anne-des-Monts (Auberge Festive Sea Shack)
(Auberge ouverte toute l'année)

Base idéale pour découvrir la Haute-Gaspésie, la forêt s'ouvre à vous entre ciel et mer. Ici, la dentelle de la terre prend parfois la forme d'une fougère très rare qui coule dans un ravin au flanc d'une montagne encore sauvage, enrobée du silence impressionnant d'un grandiose paysage vert qui émerge d'un rideau de brume. Là, la dentelle de la terre, lorsqu'elle rencontre une cascade, la métamorphose en un ruisseau rose d'arctiques épilobes. C'est la vie insufflée dans des pans de rochers figés depuis des siècles. La lumière, l'eau, les animaux, et la pureté de l'air me donnent une impression de paix, et en même temps, de profonde tristesse, car vous aurez le sentiment que c'est l'un des derniers paysages sauvages. Comme si la nature par sa beauté, vous donnait un avertissement : « il faut être capable de redécouvrir les choses qu'on a oubliées parce qu'elles ont été trop exploitées. » Ici, les plus beaux couchers de soleil vous invitent à vivre aussi des instants inoubliables, autour d'un feu de camp sur la plage entre amis.

www.tadoussac.com/newsite/tourisme/hebergement.htm
Auberge Internationale de Tadoussac
158, rue du Bateau Passeur
Tadoussac, Qc, G0T 2A0,
Tél : (418) 235-4372 Fax : (418) 235-4608
Tadoussac a été le site de la première maison en Nouvelle-France dés 1600. Vous aurez ici l'impression de rencontrer Samuel de Champlain et les Amérindiens, d'être un anglais du 19ème siècle qui déguste une portion reculée de l'Empire. Votre excursion en zodiac vous procurera une vision des baleines à ras d'eau. Vous enregistrerez dans votre mémoire visuelle ces vues qu'il vous a rarement été donné de voir. Puis, vous partirez à la découverte des lieux environnants, les Escoumins, les Grandes-Bergeronnes, la baie Sainte-Catherine. Prés de l'auberge coule un lac dans un décor digne d'un parc national. Les

lacs canadiens sont les plus belles choses que je connaisse. Vous aimerez ces lacs pour les teintes nuancées de feuillage à la fin de l'automne, pour la couleur violette que la lumière projette sur les montagnes et pour la brume du matin. Et si votre bonheur se trouvait au bord d'un lac !

* * *

Et aussi…

tangon@globetrotter.net
Auberge Septs-îles (Le Tangon)
(Auberge ouverte toute l'année)

aubergelaresidence@tlb.sympatico.ca
Auberge de la Tuque (La Résidence)
(Auberge ouverte toute l'année)

info@chaletbeaumont.com
Auberge de Val-David (Le Chalet Beaumont)
(Auberge ouverte toute l'année)

racine@hihostels.ca
Auberge Racine (de la Grande Ligne)
(Auberge ouverte toute l'année)

info@hostellingtrembland.com
Auberge de Mont-Trembland
(Auberge ouverte toute l'année)

info@parcdegroscap.ca
Auberge internationale des îles de la Madeleine
(pour les groupes de mai à septembre)

* * *

A l'Ouest… Des Rencontres Canadiennes et Acadiennes.

toronto@hihostels.ca
Auberge de Toronto (Auberge ouverte toute l'année)
Toronto, la Fidèle : « Fidèle elle a commencé, fidèle elle demeure. » Toronto est une ville moderne avec les plus grands édifices du Canada, tournages de films et séries télévisées, le site du Parlement de l'Ontario. Les « Maple Leafs » au temple de la renommée du hockey, mais aussi le base-ball et l'équipe de Toronto « les Blue Jays. » Toronto vous fait jouir de la tranquillité de ses parcs… ou de la pêche au bord du lac Ontario. Toronto, le Canada à elle seule.

ottawa.jail@hihostels.ca
Auberge d'Ottawa (Auberge ouverte toute l'année)
Cette auberge, ancienne prison et édifice patrimonial, vous propose une nuitée expérience unique. Dormez dans le pavillon cellulaire converti et visitez les anciennes potences. Ottawa, ville capitale, est le point de rencontre pour tous les Canadiens, et le centre de la démocratie canadienne. A l'infOcentre, faites valider votre passeport personnalisé, et partez à la découverte de la capitale. Il vous suffit de suivre le boulevard de la Confédération, « la voie de la découverte du Canada. »

niagara.falls@hihostels.ca
Auberge de Niagara Falls (Auberge ouverte toute l'année)
Une visite aux chutes en automne, le paysage regorge de couleurs vives et vibrantes. Les teintes de rouge, d'orangé, de brun et de doré se marient pour vous offrir un spectacle haut en couleur. L'hiver étend son manteau de givre sur les arbres, les rochers et les lampadaires, comme pour assurer la protection de ce site « merveille du monde. » Un feu d'artifice au-dessus des chutes complète le tableau. A la tombée de la nuit, les projecteurs diffusent les couleurs

de l'arc-en-ciel directement sur les chutes. C'est un « Festival de lumières. »
Retour sur les traces des Français d'Amérique
(Louisiane et Nouvelle-Orléans aux Etats-Unis)

www.hostelz.com
Louisiana Hostels
Lafayette – The Blue Moon Guest House
Nouvelle-Orléans – Marquette House

« Mon rêve québécois »

Ces pages vous appartiennent. Notez-y vos impressions de voyages et vos « coups de cœur. »

Vous rentrez de voyage, la tête encore pleine d'images et le carnet de bord rempli de notes, d'anecdotes, de témoignages.

Vous souhaitez prolonger le rêve, le fixer noir sur blanc, faire partager vos émotions, vos aventures, vos rencontres. Ne manquez pas de m'en informer à votre retour.

pcharrais@hotmail.com

Table des matières

www.ingramcontent.com/pod-product-compliance
Lightning Source LLC
LaVergne TN
LVHW100159061126
851857LV00010B/316
* 9 7 8 2 7 4 8 3 3 6 8 6 3 *